THÈSES

PRÉSENTÉES

A LA FACULTÉ DES SCIENCES DE PARIS

POUR OBTENIR

LE GRADE DE DOCTEUR ÈS SCIENCES NATURELLES

PAR

ALEXANDRE-NICOLAS VITZOU

LICENCIÉ ÈS SCIENCES NATURELLES DE LA FACULTÉ DES SCIENCES DE JASSY ET DE PARIS

1re THÈSE. — RECHERCHES SUR LA STRUCTURE ET LA FORMATION DES TÉGUMENTS CHEZ LES CRUSTACÉS DÉCAPODES.

2e THÈSE. — PROPOSITIONS DONNÉES PAR LA FACULTÉ.

Soutenues le   juillet, devant la Commission d'examen

MM. H. MILNE-EDWARDS, *Président.*
DUCHARTRE,
PAUL BERT,   *Examinateurs.*

PARIS

TYPOGRAPHIE A. HENNUYER

7, RUE DARCET

1882

ACADÉMIE DE PARIS

FACULTÉ DES SCIENCES DE PARIS

MM.

DOYEN......	MILNE-EDWARDS, prof.....	Zoologie, Anatomie, Physiologie comparée.
PROFESSEURS HONORAIRES..	DUMAS. PASTEUR.	
	P. DESAINS.................	Physique.
	LIOUVILLE	Mécanique rationnelle.
	PUISEUX............. .	Astronomie.
	HÉBERT........	Géologie.
	DUCHARTRE	Botanique.
	JAMIN	Physique.
	SERRET.................	Calcul différentiel et intégral.
	DE LACAZE-DUTHIERS.....	Zoologie, Anatomie, Physiologie comparée.
	BERT....................	Physiologie.
PROFESSEURS.	HERMITE	Algèbre supérieure.
	BRIOT...	Calcul des probabilités, Physique mathématique.
	BOUQUET.............. ...	Mécanique physique et expérimentale.
	TROOST....	Chimie.
	WURTZ..................	Chimie organique.
	FRIEDEL.....	Minéralogie.
	O. BONNET........	Astronomie.
	DARBOUX................	Géométrie supérieure.
	DEBRAY..................	Chimie.
AGRÉGÉS.....	BERTRAND.. .... J. VIEILLE................	Sciences mathématiques.
	PELIGOT..........	Sciences physiques.
SECRÉTAIRE..	PHILIPPON.	

A MON CHER ET HONORÉ MAITRE

M. PAUL BERT

MEMBRE DE L'INSTITUT

PROFESSEUR DE PHYSIOLOGIE EXPÉRIMENTALE A LA SORBONNE (FACULTÉ DES SCIENCES)

DÉPUTÉ DE L'YONNE

Témoignage respectueux.

RECHERCHES

SUR

LA STRUCTURE ET LA FORMATION DES TÉGUMENTS

CHEZ LES CRUSTACÉS DÉCAPODES

INTRODUCTION.

L'histoire des recherches qui ont été faites sur les téguments des Crustacés Décapodes peut être divisée en deux périodes, selon qu'on a eu en vue l'étude *macroscopique* ou l'étude *microscopique*.

La période *macroscopique* comprend un nombre considérable de travaux, tous inspirés par les idées de Geoffroy Saint-Hilaire, l'auteur de la philosophie anatomique.

Lorsque Geoffroy Saint-Hilaire, voulant appliquer aux animaux articulés la théorie des analogues, annonça pour la première fois qu'il existe des rapports d'analogie entre le squelette tégumentaire des articulés et le squelette des animaux supérieurs, de ce jour l'étude du test des Insectes, des Arachnides et des Crustacés, en particulier, prit une importance considérable et s'imposa à l'attention des zoologistes.

Les nombreux travaux de MM. Geoffroy Saint-Hilaire, Savigny, Meckel, Dugès, Ampère, H. Milne-Edwards, etc., sur la structure et le nombre des pièces qui forment l'enveloppe solide des Crustacés, sur les modifications qu'elles éprouvent dans leur développement pour s'adapter à de nouveaux usages, etc., ont conduit à des résultats devenus classiques, et trop connus pour que nous ayons besoin de les rappeler.

Ces recherches, qui forment la *période macroscopique*, ont porté nos connaissances à un degré de perfectionnement vraiment remarquable.

Tandis, que l'on apportait tant d'empressement à ces études macroscopiques, les études microscopiques furent presque complètement négligées.

Lorsque, en 1833, M. Hasse et, en 1847, M. Lavalle abordaient pour la première fois, à notre connaissance, cette étude, et qu'ils ouvraient ainsi la *seconde période* ou la *période microscopique*, le dernier surtout pouvait avec raison signaler l'état de délaissement où avait été laissée la question qu'il traitait.

« Alors [1] qu'on cherchait, dit-il, avec tant de soin le nombre de pièces qui entraient dans la composition des anneaux du test et de chacun des organes les plus délicats ; alors qu'on s'efforçait de retrouver leurs analogues dans les espèces voisines ou éloignées, peu de travaux furent entrepris dans le but d'étudier l'organisation intime de ces mêmes pièces. »

De cette absence de faits relatifs à la structure intime résultait une obscurité profonde sur la nature physiologique du test des Crustacés.

Les hypothèses les plus contradictoires à ce sujet régnèrent parmi les zoologistes les plus autorisés. Le squelette tégumentaire des Crustacés, vu la position extérieure de la carapace, ses usages de protection, la présence du pigment, etc., fut considéré comme une *peau véritable* pénétrée de sels calcaires et, en ce cas, comparable à la peau des *Tatous*.

D'autres fois on le regardait comme un *squelette véritable* à cause du nombre des pièces, de leur mode d'articulation, de leur position extérieure, etc. ; squelette qui, comme celui du tronc des *Tortues*, serait placé en dehors des parties molles.

On l'a envisagé d'une autre manière encore et cette fois-ci, les mues périodiques de la carapace fournissaient la base d'une autre hypothèse.

On considérait la carapace comme un produit de sécrétion, comme un épiderme comparable à l'*épiderme écailleux* des serpents et des lézards.

Est-ce à dire que les études microscopiques résolurent d'emblée

---

[1] LAVALLE, *Recherches d'anatomie microscopique sur le test des Crustacés Décapodes* (*Ann. des sc. naturelles*, 3ᵉ série, t. VII, p. 353, 1857).

la question de la signification anatomique et physiologique du test?
En aucune façon.

Comme nous allons le voir en faisant l'historique, cette étude a
fait connaître des détails d'autant plus précis que les moyens d'investigation étaient plus perfectionnés. — Malgré cela, la signification morphologique du test restait incertaine ; les travaux ne
comportaient pas de conclusion à cet égard.

La cause de cette insuffisance tient à ce qu'on ne suivait pas l'évolution des téguments, qu'on ne prenait pas l'étude au moment
de leur formation et lorsqu'ils ne sont pas encore durcis par les sels
calcaires, c'est-à-dire à l'époque de la mue.

C'est dans le but de combler cette lacune et pour apporter de
nouveaux faits sur la formation et la nature morphologique de la
carapace, ou pour employer une expression plus générale, des téguments, que nous avons entrepris ces recherches.

Nous y avons été engagés par notre savant maître M. le professeur Paul Bert dans le laboratoire duquel nous avons fait une
grande partie de ce travail. — Pour mener à bonne fin nos recherches, nous avons dû profiter des ressources que l'on ne peut rencontrer que dans une station zoologique maritime. — Grâce à l'accueil favorable de M. le professeur de Lacaze-Duthiers nous avons
trouvé dans le laboratoire de Roscoff toutes les facilités désirables
pour nos études ; nous le prions de bien vouloir agréer ici nos vifs
remerciements.

Pendant le cours de notre travail nous avons été constamment
soutenu et encouragé par la bienveillante direction de nos maîtres,
MM. les professeurs Paul Bert et A. Dastre, à qui nous adressons ici
les témoignages de notre profonde gratitude.

HISTORIQUE.

L'analyse bibliographique de nos connaissances sur la structure
des téguments des Crustacés n'exige pas que l'on remonte au-delà
d'une cinquantaine d'années.

Dans l'ordre chronologique le premier auteur, à notre connaissance, qui se soit occupé de la question est Hasse [1]. Il distingua dans
les téguments des Crustacés quatre couches dont les deux premières

---

[1] E.-C. Hasse, *Observationes de scelelo Astaci fluviatilis et marini.* 1833. Lipsiæ.

forment la partie chitineuse et les deux dernières constituent les parties molles sous-jacentes.

1° La première couche est désignée par Hasse sous le nom d'*épiderme* ; elle correspond, en réalité, aux parties que l'on distingue anjourd'hui en *cuticule* et *couche pigmentaire*, qui ont été confondues par l'auteur en une seule couche.

2° La deuxième couche correspond à la troisième et à la quatrième couche des auteurs plus récents. — Hasse les a réunies en une seule sous la dénomination de *chorion* ou *derme*. Elle est formée de plusieurs membranes fibreuses qui se superposent les unes aux autres de telle sorte que les fibres se séparent dans toutes les directions. C'est la couche la plus épaisse et la plus interne de la carapace ; elle ne renferme pas de pigment. Les assises externes renferment du carbonate de chaux, tandis que les internes n'en contiennent pas et par cela même sont plus élastiques.

3° La troisième couche est formée d'une matière molle, jaunâtre, tantôt muqueuse, tantôt gélatineuse, et qui, selon Hasse, rougit par l'ébullition ; elle contient aussi des vaisseaux. Cette assise correspond à la couche de tissu conjonctif des auteurs plus récents.

4° La quatrième couche est formée d'une membrane très délicate, elle devient fibreuse à l'approche de la mue et ne peut être distinguée qu'à cette époque.

Selon Hasse ce sont les deux dernières couches qui, après la mue, formeront l'*épiderme* et le *derme*, c'est-à-dire les deux premières.

L'année suivante, M. H. Milne Edwards résumait les connaissances que l'on possédait sur la structure des téguments.

Pour montrer quel était l'état des connaissances sur cette question, nous ne pouvons mieux faire que de laisser parler l'éminent naturaliste [1] : « Pour se former une idée exacte de la composition anatomique des téguments, il faut les étudier à l'époque de la mue sur des individus qui sont sur le point de se dépouiller de leur enveloppe extérieure. On voit alors que la peau de ces animaux se compose de trois couches membraneuses principales. La plus profonde ressemble aux tuniques séreuses des animaux supérieurs ; dans certaines parties du corps, dans les membres, par exemple, elle est à peine visible ; mais autour des grandes cavités du tronc elle constitue une membrane bien distincte, et se continue sur tous les viscères, de

---

[1] Milne-Edwards, *Histoire naturelle des Crustacés*, 1834, t. Ier, p. 8 et 9.

manière à former autour de chacun d'eux une gaine particulière, en
même temps qu'elle leur fournit une enveloppe commune. La face
interne de cette tunique mince et transparente est libre et lisse; mais
sa surface externe est, au contraire, unie à la couche tégumentaire
moyenne. Cette dernière membrane est molle, plus ou moins spon-
gieuse, en général assez épaisse et vasculaire; sa surface est ordinairement colorée et on pourrait la comparer au *chorion* ou *derme*,
Enfin, la couche la plus externe est formée par une membrane mince,
mais dense et consistante, qui ne présente pas de ramifications vasculaires; elle enveloppe le corps de toute part et forme dans divers endroits des replis qui pénètrent plus ou moins profondément
entre les organes intérieurs.

« Cette tunique superficielle se trouve, entre le chorion et la carapace, prête à tomber, et elle est évidemment sécrétée par la première
de ces enveloppes, car à toute autre époque qu'à celle de la mue on
n'en voit aucune trace: et, en effet, c'est elle qui doit former le nouveau test. Bientôt après la chute de l'ancienne carapace, on la
voit acquérir une consistance plus grande: dans certaines espèces
elle reste toujours dans un état semi-corné; mais dans d'autres el e
s'épaissit davantage et s'encroûte de particules calcaires, de façon à
devenir très solide et très dure. Lorsqu'on l'examine là où elle a
déjà pris cette consistance osseuse, on voit que son épaisseur est
assez grande, et que sa surface interne est revêtue d'une couche
mince de tissu cellulaire membraneux; dans une partie de son épaisseur, et à sa surface externe, elle est en général plus ou moins colorée; enfin, on y remarque souvent des prolongements filiformes,
qu'au premier abord on prendrait pour des poils semblables à ceux
des Mammifères, mais qui en diffèrent entièrement par leur structure,
et qui ne sont autre chose que des appendices de cette tunique épi-
dermoïde ».

Comme on le voit, la peau de ces animaux, au moment de la mue,
se compose de trois couches, sans compter la carapace, prête à
tomber:

1° Couche interne, représentée par une membrane séreuse.

2° Couche moyenne, c'est le *chorion* ou *derme*, vasculaire;

3° Couche externe formée d'une membrane dense et consistante
et ne représentant pas de ramifications vasculaires.

Cette dernière assise se trouve, au moment de la mue, entre la carapace prête à tomber et le chorion; c'est elle qui constituera le sque-

lette tégumentaire du crustacé. Pour M. Milne-Edwards le revêtement extérieur ou squelette tégumentaire correspond à *l'épiderme* des
animaux supérieurs, et il est produit par la sécrétion de la couche
profonde ou derme.

Nous verrons par la suite qu'il y a entre la nouvelle carapace en
voie de formation et le derme une autre couche composée d'un épithélium cylindrique qu'il ne faut pas confondre avec le derme dont
elle est nettement distincte. De plus nous verrons que la nouvelle
carapace est formée par les cellules qui constituent l'épithélium cylindrique et non par le derme, comme l'indique le savant naturaliste, et que le processus de formation consiste dans l'épaississement
successif de la paroi supérieure des cellules épithéliales.

Quant à la structure de la carapace, prête à tomber, l'auteur ne
nous en dit rien en 1834. En 1874 [1], il donne un résumé succinct
du travail de M. Lavalle.

En 1847, M. Lavalle [2] a étudié seulement les téguments qui doivent
être rejetés par l'animal au moment de la mue. Sur la nature de cette
enveloppe coriace durcie, il avait été impossible de baser une opinion suffisamment fondée. C'est pour combler cette lacune que
M. Lavalle a entrepris le travail que nous allons résumer. Pour lui
le test des Crustacés se compose de trois couches :

1° La couche externe, ou *couche épidermique*, extrèmement mince,
translucide, d'un jaune de corne, sans organisation appréciable et
recouvrant tout le test. Cette couche représente la cuticule des autres auteurs.

2° La couche moyenne ou *pigmentaire*, sillonnée d'un nombre variable de *lignes extrèmement fines*, disposées suivant la surface du
test, parfaitement parallèles entre elles et sans anastomoses appa-
rentes. Cette couche est colorée, d'où le nom de *couche pigmentaire* qui lui a été donné par l'auteur; elle est imprégnée de sels
calcaires et contient dans son épaisseur la base arrondie des poils.
La présence de cette couche ne manque presque jamais, et on
peut la constater facilement, grâce aux matières qui la colorent.
L'épaisseur de cette couche est intermédiaire à celle de deux autres
qu'elle sépare.

---

[1] MILNE-EDWARDS, *Leçon sur la physiologie et l'anatomie de l'homme et des animaux*, 1874, t. X, p. 183.

[2] LAVALLE, *Recherches d'anatomie microscopique sur le test des Crustacés Décapodes*
(*Ann. des sc. naturelles*, 3ᵉ série, t. VII, 1847).

3° La couche *interne ou dermique*, la plus développée des trois, constitue à elle seule presque toute la carapace ; elle est blanche, formée, comme la précédente, de lamelles parallèles à la surface du test, traversée par des fibrilles et imprégnée de sels calcaires.

Lorsque nous reprendrons la description des téguments, nous reviendrons sur la valeur qu'il faut accorder à ces divisions et sur les faits qui ont échappé à l'auteur. C'est à dessein que nous avons donné du travail de M. Lavalle ce résumé un peu détaillé. Il semble, en effet, qu'il n'ait pas été bien compris; ainsi, dans un travail récent[1], on reproche à l'auteur de n'avoir pas pris en considération, dans les divisions qu'il établit, la cuticule. Or, sans faire aucun effort, on voit que la couche *épidermique* n'est autre chose que la *cuticule* des auteurs subséquents.

Pour Siebold et Stannius[2], le squelette cutané des Crustacés, qu'il soit dur ou mou, est composé d'un nombre plus ou moins grand de couches extrêmement minces et composées de fibres très fines. Très souvent, ces couches sont parcourues par des canaux très petits.

La surface interne du test est revêtue d'une membrane particulière mince, fibreuse et analogue à un périoste interne. Cette membrane joue dans la mue, à laquelle tous les Crustacés sont sujets, un rôle important, car c'est probablement elle qui sécrète, couche par couche, les matériaux de l'enveloppe de nouvelle formation.

Nous voyons donc que Siebold et Stannius admettent deux couches : l'externe, formant la carapace, et l'interne, représentant les tissus mous sous-jacents à la carapace.

En 1848, Carpenter[3], dans un rapport qu'il a lu devant la Société britannique pour l'avancement des sciences, dit que la carapace des crabes est formée de trois couches : 1° Une *couche cornée*, sans structure, couvrant l'extérieur; 2° Un « cellular stratum » ou couche cellulaire ; 3° Une substance tubulaire laminée.

Quekett[4], en 1855, dans son *Traité d'histologie*, en parlant de l'enveloppe tégumentaire des Crustacés supérieurs, partage l'opinion du

---

[1] Max Braun, *Ueber die Histologischen Vorgänge bei der Häutung von Astacus fluviatilis* (in *Arbeiten aus dem Zool.-Zoot. Institut in Würzburg*, 1875, Bd. II, p. 123).

[2] Siebold et Stannius, *Anatomie comparée*, trad. française (1850, t. Ier, p. 411).

[3] Carpenter, *Report on the Microscopic Structure of Shells*, part. II, 1858, p. 127 (*British Associat. for the Advancement of Science for* 1847).

[4] J. Quekett, *Lectures on Histology*, 1854, t. II, p. 393, avec fig.

docteur Carpenter en ce qui concerne la structure cellulaire de la carapace. Cette idée a été rejetée ensuite par MM. Huxley et Williamson.

Les stries verticales de la carapace sont considérées par Quekett comme étant de petits tubes, et les lignes horizontales comme des lignes d'accroissement.

En 1859, M. Huxley [1], dans un article sur les organes tégumentaires des animaux, étudie aussi ceux des Crustacés.

Pour se rendre compte de la structure des téguments des Crustacés Décapodes, l'auteur examine les parties molles des articulations des pattes, qui sont en continuité avec les parties durcies, et que l'on peut étudier sans attendre que l'animal soit mou.

Sur une coupe transversale en allant du dedans au dehors, M. Huxley a rencontré :

1° Le *derme* (enderon) composé de tissu conjonctif traversé par des canaux vasculaires et contenant de nombreux amas de pigment jaune et rose, fréquemment disposé en corps étoilés ou même formant des réseaux le long des fibres élastiques rudimentaires.

2° Le *protomorphic layer*, consistant en une substance contenant des noyaux (endoplastes); cette couche protomorphique adhérerait tantôt à l'*enderon*, tantôt aux téguments durcis, quand ceux-ci étaient détachés.

Cette couche, il l'appelle aussi *ecderon*, par opposition à la couche la plus interne, qu'il a appelée *enderon*.

3° Extérieurement à la couche protomorphique ou à l'*ecderon*, on trouve la couche chitineuse du tégument (*chitinous layer*) composée d'un grand nombre de lamelles d'une finesse extrême.

Pour M. Huxley, les lamelles successives de chitine tirent leur origine de l'épiderme sous-jacent par un processus d'excrétion. Comme on le verra, la présence, entre les téguments chitineux et le tissu conjonctif, d'un épithélium nettement caractérisé, a échappé à l'auteur.

En 1880 [2], dans un livre intitulé l'*Ecrevisse*, M. Huxley donne plus de détails sur la couche qu'il appelait en 1859 *chitinous layer*, et qu'en 1880 il désigne sous le nom d'*exosquelette*.

Dans les parties calcifiées de l'exosquelette il distingue, en procédant de dehors en dedans:

<hr>

[1] HUXLEY, *Tegumentary Organs* (*Todd's Encyclopedia of Anatomy und Physiol.*, Suppl., vol. 1859, p. 486).

[2] HUXLEY, *Bibliothèque scientifique internationale : l'Ecrevisse*, 1880, p. 141-143.

1° Un *épiostracum*, 2° un *ectostracum* et 3° un *endostracum*.

D'après les figures qu'il donne, il n'y a pas de ligne de démarcation nettement indiquée entre les trois couches successives.

Quant aux canaux poreux, nous y reviendrons au moment où nous étudierons la structure des téguments, et nous discuterons les différentes idées émises à ce propos.

En 1860, M. Williamson [1], dans un mémoire sur les téguments des Crustacés, est arrivé aux conclusions suivantes:

Dans tous les Crustacés podophthalmaires. les téguments paraissent être composés de quatre couches :

1° Couche superficielle sans structure, *la pellicule*, représentant une petite portion du véritable tissu épidermal des crabes :

2° Une couche *aréolée* (*areolated layer*) ;

3° Un *chorion calcifié* (*calcified corium*) ;

4° Un *chorion non calcifié*, qui peut s'imprégner de calcaire au fur et à mesure que de nouvelles couches se forment au-dessous.

Plus loin l'auteur ajoute : « Une étude soigneuse du Crabe m'a montré qu'une membrane basale bien marquée s'interpose à tous les stades de développement, entre l'endoderme cellulaire ou derme et les couches tubulées calcifiées ou non, et que par conséquent les cellules de l'endoderme ne peuvent pas entrer histologiquement dans les couches externes tégumentaires, qui forment la carapace des Crustacés. » Pour M. Williamson, la carapace est un produit de sécrétion du derme cellulaire, lequel traverse par exosmose la membrane basale, quand il est à l'état fluide, et se consolide en une couche sans structure en dehors de la membrane basale.

Nous devons faire remarquer qu'en suivant le développement des téguments, nous n'avons jamais remarqué la présence d'une membrane basale interposée entre les téguments chitineux et les tissus mous sous-jacents. Il résulte de ces indications que l'auteur n'a pas eu connaissance de la présence d'un épithélium chitinogène interposé entre le derme et la carapace, non plus que de l'existence de la véritable membrane basale qui sépare l'épithélium chitinogène d'avec le tissu conjonctif sous-jacent.

Leydig [2] divise la peau des Crustacés en deux couches :

---

[1] WILLIAMSON, *On some Histological Features in the Shells of the Crustacea,* in *Quart. Journ. Microsc. Sc.,* vol. VIII, p. 44, avec 1 pl., 1860.

[2] LEYDIG, *Traité d'histologie,* trad. française, 1866, p. 119.

1° Une *couche externe chitinisée*, qui forme la carapace (ou épiderme des auteurs) ;

2° Une *membrane molle*, non *chitinisée* (ou chorion des auteurs).

Les caractères de la carapace sont d'être formée de lamelles régulièrement stratifiées et de présenter des canaux poreux partout où ce squelette cutané chitinisé atteint une certaine épaisseur.

Quant à la nature de la carapace, l'auteur ajoute qu'elle est formée de la substance conjonctive chitinisée ; les canalicules poreux sont pour lui les équivalents des corpuscules du tissu conjonctif. La couche molle, *non chitinisée,* qui se trouve au-dessous de la carapace est formée par de la substance conjonctive qui peut présenter toutes les variations que peut subir le tissu conjonctif, surtout chez les Invertébrés.

La figure que l'auteur donne de la structure de la couche molle de l'Ecrevisse à l'appui de ses explications est fort éloignée de la réalité des choses.

En regardant de près la figure 54 on n'est pas étonné que l'auteur ait considéré la carapace comme formée par la substance conjonctive chitinisée. En effet, la partie supérieure de la couche molle chez l'Ecrevisse est sillonnée par une série de lignes horizontales très rapprochées. La simple inspection de cette figure montre que la présence d'un épithélium chitinogène, interposé entre le derme et la carapace, avait échappé à Leydig. La connaissance de ce détail de stucture aurait empêché l'auteur de contester la division de la peau des Crustacés en un épiderme et un derme comme chez les animaux supérieurs.

Gegenbaur[1], abordant d'une manière générale les téguments des Arthropodes, dit qu' « ils sont composés de deux couches distinctes.» La couche cuticulaire « recouvre toute la surface du corps et se continue dans les organes internes par les ouvertures de ces derniers débouchant à la surface ; elle forme, grâce à sa puissance, la partie la plus importante des téguments et l'emporte toujours sur la couche cellulaire sous-jacente. » Et plus loin il ajoute : « En raison du mode de leur naissance, ces couches cuticulaires sont formées de lamelles distinctes, disposées par couches, dont les inférieures ont une consistance plus molle. Elles sont ordinairement traversées par des canaux poreux, dans lesquels s'enfoncent des prolongements de

---

1 Gegenbaur, *Manuel d'anatomie comparée,* trad. française. 1874, p. 331-333.

la matrice. L'enveloppe molle qui produit ces couches extérieures plus fermes est toujours composée de cellules. Elle est l'homologue de l'épiderme des autres groupes, et n'a chez les Arthropodes qu'une puissance relativement faible. En dedans de ces couches épithéliales proprement dites, il y a encore une couche de tissu connectif, qui cependant, comparée à la couche cuticulaire et à la matrice, n'est que peu développée. »

Il résulte de ce résumé succinct que les couches cuticulaires et la matrice molle qui leur donne naissance seraient l'homologue de l'épiderme des autres groupes ; cependant il est très curieux de voir, dans la traduction française, une réelle contradiction entre cette interprétation et ce qui va suivre : « L'enveloppe chitineuse des Arthropodes qui, ensuite de la rigidité plus grande des couches qui la composent, devient un *squelette dermique*, constitue non seulement une protection pour les organes qu'elle renferme, mais sert aussi d'*appareil de support* et, comme tel, fournit des points d'insertion à l'ensemble du système musculaire [1]. »

D'après ce passage l'enveloppe chitineuse des Arthropodes, en général, et celle des Crustacés, en particulier, sont considérées comme un *squelette dermique*.

Nous avons cherché dans le texte allemand et nous avons trouvé le mot *hautskelett*, qui a été traduit à tort, en français, par les mots *squelette dermique*, au lieu de *squelette tégumentaire*.

Nous devons faire remarquer que ce que nous entendons par squelette tégumentaire chez les Crustacés n'est formé que par une partie de l'épiderme, à savoir : par les couches chitineuses, tandis que la matrice ou l'épithélium chitinogène qui constitue la couche inférieure de l'épiderme, comme on le verra plus loin, ne rentre pas dans la constitution du squelette tégumentaire.

Il ne nous reste plus à parler que d'un mémoire publié en 1875 et dans lequel M. Max Braun [2] reprend dans le premier chapitre la description des téguments externes chez l'Ecrevisse.

Comme ses prédécesseurs, l'auteur admet que les téguments de l'Ecrevisse sont composés de deux couches :

1° Une couche externe cuticulaire formée de chitine et calcifiée,

---

[1] GEGENBAUR, *loc. cit.*, p. 334.

[2] Max BRAUN, *Ueber die Histologischen Vorgänge bei der Hautung von Astacus fluviatilis*, in *Arbeiten aus dem Zool.-Zoot. Institut in Würzburg*, 1875, Bd. II, p. 120.

c'est la carapace, et 2° une couche interne molle, c'est la matrice ou le tissu chitinogène.

Pour la carapace, M. Max Braun distingue trois couches, et en ceci sa description se rapproche beaucoup de celle que Lavalle a donnée en 1847. Ainsi il admet : *a.* une couche externe, la cuticule ; *b.* une couche moyenne renfermant du pigment et des sels calcaires, c'est la *couche pigmentaire* de Lavalle, et enfin *c.* une troisième couche interne beaucoup plus épaisse que les autres, non colorée, et renfermant des sels calcaires, c'est l'équivalent de notre troisième et quatrième couche.

En ce qui concerne le tissu chitinogène, l'auteur a le mérite d'avoir précisé pour l'Ecrevisse la présence d'un épithélium chitinogène sous les téguments chitineux. Cet épithélium était confondu par ses prédécesseurs avec le tissu conjonctif sous-jacent. En parcourant le mémoire que nous analysons on voit que l'auteur semble repousser l'idée d'une homologie entre les téguments des Crustacés et la peau des animaux supérieurs. En ce point il partage les idées de Leydig. Peut-être aurait-il été amené à accepter cette homologie, si ses recherches avaient embrassé, comme il le dit très bien, un grand nombre de Crustacés supérieurs.

Plus loin l'auteur étudie la formation pendant la mue des pierres d'Ecrevisse (yeux d'Ecrevisse), des poils, la provenance de la carapace, la formation de la chitine de l'intestin et finalement il reproduit quelques observations sur la croissance ultérieure de la carapace. M. Max Braun a senti l'intérêt qu'il faut attacher aux formations chitineuses qui constituent les téguments et spécialement la carapace ; seulement, quand il s'agit de savoir quel est le processus suivant lequel a lieu la constitution des couches chitineuses, l'auteur reste muet. Il annonce que la formation des nouveaux téguments chitineux commence par la sécrétion des poils cuticulaires et qu'ensuite de nouvelles couches chitineuses se forment entre les poils cuticulaires et l'épithélium chitinogène ; mais il n'indique pas nettement si cette nouvelle formation a pour origine la sécrétion d'une matière chitineuse ou un processus différent.

Cet aperçu historique sur la structure des téguments des Crustacés Décapodes nous montre quel était l'état de la question au moment où nous avons abordé notre travail. On savait d'une manière

générale que les téguments des Crustacés supérieurs se composent
de deux couches :

1° Une couche externe formée de chitine durcie par les sels calcaires, enveloppant l'animal et servant en même temps non seulement à la protection des parties molles qu'elle renferme, mais
jouant aussi le rôle d'un appareil de support et, comme tel, fournissant des points d'insertion à l'ensemble du système musculaire ;

2° Une couche interne molle qui, en raison du rôle qu'elle remplit dans la formation de la couche externe, a reçu le nom de matrice ou tissu chitinogène.

Une telle division des téguments en deux couches était facile à
observer.

Tous les auteurs qui essayaient d'établir une homologie entre les
téguments des Crustacés et ceux des animaux supérieurs ont pris la
couche externe chitineuse pour un épiderme ; quant à la couche
interne, on ne lui a pas trouvé de représentant certain dans les téguments des animaux supérieurs.

Certains anatomistes[1], n'ayant pas connu l'existence de la couche
molle sous-jacente au squelette tégumentaire et cependant voulant
établir une homologie entre les téguments des Crustacés et la peau
des animaux supérieurs, ont considéré le squelette extérieur des
Crustacés comme représentant la totalité de la peau et comme étant
composé de deux couches soudées entre elles et formées l'une par
l'épiderme, l'autre par le derme.

L'application du microscope à l'étude des téguments a fait admettre dans la zone externe, qui forme le squelette tégumentaire,
trois couches. La couche interne caractérisée par la présence du
pigment et des vaisseaux reçut le nom de *couche dermique* par
comparaison à l'assise inférieure de la peau des animaux supérieurs.
L'étude microscopique de la couche externe a fait voir, soit à sa surface, soit dans son épaisseur, des dessins rappelant les contours de
cellules polyédriques ; de là le nom de *couche cellulaire* qui fut donné
par Carpenter et Quekett aux portions superficielles du squelette
tégumentaire. Cette dénomination fut rejetée par M. Huxley en 1859,
après qu'il eut constaté l'absence de noyaux dans les téguments chitineux. Il proposa une autre explication pour les dessins polygonaux

---

[1] De Blainville, *De l'organisation des animaux ou Principes d'anatomie comparée*,
1822, t. Ier, p. 174.

que l'on observe à la surface des téguments ; selon lui, ils seraient dus à un dépôt de matières calcaires. Nous pouvons en dire autant des canalicules poreux qui traversent les couches de chitine et dont le mode de formation reçut différentes interprétations.

D'autre part, les auteurs hostiles à la théorie cellulaire, Leydig en tête, se refusèrent à reconnaître dans les téguments des Crustacés un *épiderme celluleux* et un *derme conjonctif*, comparable à la peau des animaux supérieurs.

Pour Leydig, la carapace des Crustacés était formée d'une substance conjonctive chitinisée et les canalicules poreux étaient les équivalents des corpuscules du tissu conjonctif.

L'autorité de Leydig eut assez d'influence pour que, même après la notion précise d'un épithélium bien caractérisé dans la couche molle de l'Ecrevisse, on continuât d'admettre l'ancienne division en deux couches, à savoir : une couche externe formant la carapace, et une couche interne molle à laquelle était réuni l'épithélium chitinogène.

Quant à la formation de la carapace et, en un mot, de tous les téguments chitineux, on n'en savait rien de précis.

Pour les partisans de la théorie cellulaire, la carapace était formée par *l'aplatissement et la soudure des cellules superficielles de la couche molle* (Lereboullet) et, dans cette hypothèse, elle représentait l'épiderme des autres animaux; les autres, ne sachant comment expliquer la formation des téguments chitineux, se contentaient tout simplement d'admettre que la carapace était un produit de sécrétion de la *couche molle* ou de la *matrice*. Or, comme la matrice était désignée sous le nom de *chorion* ou *derme*, il n'est pas étonnant de voir Lavalle et Williamson, dans cette dernière hypothèse, considérer la moitié inférieure de la carapace comme une couche dermique.

Tel était l'état de la question au moment où nous avons commencé nos recherches. Pour ce qui concerne la nature morphologique des téguments, en général, et leur mode de formation, on peut dire que l'on n'avait que des idées vagues à ce sujet et des hypothèses nombreuses. Il était indispensable de voir ce qu'il y avait de vrai dans les nombreuses interprétations qui avaient été données au tégument des Crustacés.

Pour trancher la question, il fallait suivre pas à pas le développement des téguments, et, à ce point de vue, les mues périodiques nous offraient de grandes facilités. — Cette étude nous a permis de constater la généralité d'un épithélium chitinogène chez tous les Crustacés supérieurs que nous avons pu avoir sous la main, se présentant avec une telle clarté qu'on ne pouvait le confondre ni avec les tissus sous-jacents ni avec les couches chitineuses qui le surmontent. — La présence constante de cet épithélium, et certains détails que nous avons constatés sur la structure des téguments chitineux en voie de formation, nous ont permis d'établir :

1° L'homologie entre les téguments des Crustacés et ceux des animaux supérieurs. La division en un *épiderme* et un *derme* est exacte ; mais elle doit être entendue d'une manière tout à fait différente de celle proposée par nos prédécesseurs ;

2° Le processus suivant lequel a lieu la formation des téguments chitineux. Nous avons établi une liaison étroite entre les formations nouvelles et l'abondance du glycogène à l'époque de la mue. Le fait avait été signalé déjà par Claude Bernard, nous nous sommes attaché surtout à préciser la place occupée par les granulations glycogènes dans les couches tégumentaires.

Nos recherches ne se sont pas bornées à l'étude des téguments extérieurs ; l'appareil digestif est recouvert intérieurement par une couche de chitine, et l'étude de celle-ci nous a amené à reconnaître que le même processus préside à la formation de ces couches chitineuses. Incidemment nous avons été amené à constater l'existence de glandes dans les parois de l'œsophage et de l'intestin terminal chez tous les Crustacés qui font l'objet de nos recherches.

La formation de nouvelles enveloppes chitineuses constitue la première partie du phénomène intime de la mue ; la seconde partie est marquée par le rejet des anciennes enveloppes. Nous avons été forcé, pour combler les lacunes des descriptions actuelles, de reprendre l'étude de cette seconde phase, c'est-à-dire du rejet des couches chitineuses extérieures ou intérieures. Nous avons particulièrement précisé le mécanisme suivant lequel a lieu la mue du tube digestif.

Les matières de réserve, organiques et inorganiques, étant appelées à jouer un grand rôle pendant les formations nouvelles, nous ont préoccupé à plus d'un titre. Pour faire ressortir l'intérêt qui s'attache à cette étude, nous l'exposons dans un chapitre à part.

Malgré les répétitions forcées auxquelles nous serons entraîné par la ressemblance des faits, il nous paraît utile d'exposer en détail la structure des téguments des différents genres des Crustacés supérieurs.

Nous les avons étudiés à des époques éloignées de celle de la mue et pendant la mue elle-même. Nous espérons compenser la monotonie inhérente à ces sortes de descriptions par la facilité que trouvera celui qui serait tenté de reprendre cette étude ou qui désirerait les étendre aux Crustacés inférieurs dont l'examen n'entre pas dans notre cadre.

Notre mémoire sera divisé de la manière suivante :

1° Dans un premier chapitre, nous étudions la structure des téguments à des époques éloignées de la mue ;

2° Dans un second chapitre, nous nous occupons de la structure des téguments externes et internes pendant la mue ;

3° Dans le troisième chapitre, nous indiquons la formation du squelette tégumentaire pendant et après la mue ;

4° Le quatrième chapitre est consacré à l'étude du mécanisme de la mue ;

5° Enfin dans le cinquième chapitre, nous exposons les recherches expérimentales sur le glycogène considéré comme matière de réserves organique, et sur les matières calcaires ou matières inorganiques.

Avant d'aborder l'exposé de nos résultats, nous devons indiquer la méthode et les procédés dont nous nous sommes servi dans le cours de nos recherches.

Méthode. — Nous avons eu recours aux coupes pratiquées selon les méthodes familières aux histologistes. Le succès dépend, d'une manière générale, du choix convenable de la masse dans laquelle on enchàsse les préparations que l'on veut couper. Il faut avoir soin de varier les procédés, pour obtenir de bons résultats.

Procédés. — Les procédés diffèrent beaucoup selon que l'on a en vue une étude d'ensemble des téguments ou que l'on veut étudier seulement ceux qui sont calcifiés et qui forment le squelette tégumentaire de l'animal.

Dans le premier cas il faut d'abord fixer les éléments des tissus mous par l'alcool et choisir ensuite un acide qui produise la décalcification, sans détruire l'organisation des tissus.

Dans le deuxième cas il faut avoir recours à deux procédés :

1° Décalcifier la carapace par un acide ; nous avons essayé l'acide chlorhydrique étendu, l'acide acétique au tiers et l'acide picrique.

De tous, c'est l'acide acétique au tiers qui convient le mieux pour décalcifier les téguments durcis;

2° Faire des préparations de la carapace non décalcifiée et, à cet effet, nous nous sommes servi du petit tour en usage dans les laboratoires de minéralogie pour la préparation des coupes des minéraux. On prend un fragment de carapace que l'on fixe au moyen de la cire ou de la résine à une petite rondelle en verre et que l'on maintient fixe avec les doigts de la main droite sur un disque métallique. Le disque est mis en action par une transmission de mouvements de manivelle. Avec un peu d'habitude, on réussit facilement à faire des préparations bonnes pour l'examen microscopique : on les monte ensuite soit dans la glycérine, soit dans le baume. Il est préférable de les monter dans le baume pour leur donner plus de transparence.

Lorsque l'on étudie la carapace molle ou toute autre partie des téguments au moment de la mue, l'opération se trouve simplifiée ; il n'y a plus qu'à s'occuper du durcissement des pièces par la méthode en usage dans les laboratoires d'histologie. Après bien des essais nous avons préféré l'alcool à la liqueur de Müller, surtout pour les pièces assez épaisses dont les parties centrales se détruisent au bout de quelque temps par le séjour prolongé dans cette liqueur.

Du reste, cet inconvénient a été signalé par beaucoup d'histologistes dans les cas où ils voulaient conserver des pièces un peu épaisses.

D'ordinaire, nous avons coloré les pièces avant de les débiter : les résultats ont toujours été supérieurs à ceux que nous obtenions en colorant après avoir fait les coupes. Après coloration par le picrocarminate, nous laissons la pièce dans l'alcool à 90 degrés jusqu'à ce que l'alcool ne se colore plus, après quoi nous la plongeons dans l'alcool absolu pendant douze heures pour compléter la déshydratation. Nous mettions les pièces, avant de pratiquer les coupes, dans l'essence de girofle pendant un temps variable, mais qui ne dépassait pas douze à quinze heures, jusqu'à ce qu'elles fussent devenues transparentes. On constate aisément la transparence par simple inspection.

La pièce préparée, il faut choisir une masse convenable pour la monter et faire les coupes.

Comme nous l'avons dit au commencement, le succès des préparations microscopiques dans les recherches de cette nature dépend du choix de la masse dans laquelle on fait les coupes. Il ne suffit pas que la pièce à couper soit durcie par les réactifs, il faut encore que les éléments soient maintenus en place ; c'est ce qui arrive avec une masse pénétrante. Lorsqu'on réfléchit à la différence de consistance, entre la chitine et les tissus sous-jacents, on comprend l'importance qu'il y a à choisir une gangue qui n'écrase pas les tissus mous et qui ne soit pas elle-même écrasée par les tissus durs.

Après essai de toutes les masses que l'on emploie en histologie, nous avons donné la préférence à la paraffine.

Voici comment on procède : après avoir fondu la paraffine dans une capsule de porcelaine, on la laisse refroidir jusqu'à ce que l'on puisse supporter au doigt la température de la masse fondue ; on peut alors y plonger la pièce à couper. La température doit être maintenue environ pendant cinq minutes, temps indispensable pour que le tissu soit entièrement pénétré ; on atteint ce résultat en plaçant la capsule dans un bain-marie. Après un séjour suffisant, on verse le liquide et la pièce dans un verre de montre chauffé préalablement pour retarder la solidification. Au bout de quelque temps, la masse étant bien consolidée, on peut la détacher facilement du verre de montre et faire les coupes. La paraffine enlevée par l'essence de térébenthine, on monte les préparations dans le baume dissous dans la créosote.

Veut-on examiner les préparations dans la glycérine, il faut se débarrasser par l'alcool absolu de l'essence de térébenthine qui imprègne les pièces, après quoi on monte la pièce dans la glycérine étendue. Ce dernier procédé convient très bien pour voir les détails de structure concernant seulement les téguments chitineux ; mais les autres tissus perdent de leur coloration et l'ensemble de la préparation n'est pas aussi clair qu'avec le procédé au baume.

CHAPITRE PREMIER.

STRUCTURE DES TÉGUMENTS DES CRUSTACÉS DÉCAPODES A DES ÉPOQUES ÉLOIGNÉES DE LA MUE.

Il est nécessaire, avant d'aller plus loin, d'être fixé sur le sens que l'on doit donner au mot *tégument*. On sait que le corps des Crustacés, et pour le moment nous ne parlons que des Crustacés supérieurs, est enfermé dans une *enveloppe dure*, qui, en raison de sa consistance et du rôle qu'elle est appelée à remplir, soit pour la protection des parties molles, soit pour fournir des points d'attache aux muscles de la locomotion, a reçu le nom de *squelette extérieur* ou *exo-squelette* (Huxley), par comparaison avec le squelette des animaux supérieurs.

La portion de l'exosquelette, qui chez les Décapodes macroures et brachyures, recouvre comme un bouclier la région dorsale du céphalothorax, porte le nom de *carapace*; elle est formée par le développement considérable de la partie supérieure du troisième ou du quatrième *somite* céphalique; la portion inférieure du même exosquelette porte le nom de *sternum*. On sait encore que l'exosquelette n'est pas continu. Les somites qui entrent dans sa constitution sont reliés entre eux par des membranes qui ne diffèrent des autres parties que par l'absence de sels calcaires. Or, comme nos recherches portent sur l'enveloppe tout entière, qu'elle soit durcie ou non, nous avons préféré, pour la désigner, le nom de : *téguments*, qui n'implique rien, ni sur la nature, ni sur la consistance des parties, et qui d'ailleurs a l'avantage de simplifier le langage.

Ainsi nous entendons par téguments, les enveloppes chitineuses de l'animal, durcies ou non par les sels calcaires, et les parties molles sous-jacentes qui leur donnent naissance.

Ces téguments peuvent être comparés à la peau des animaux supérieurs et l'on peut y distinguer, comme dans la peau, un *épiderme* et un *derme*.

A. *Structure des téguments chez les Décapodes Macroures.*

Nous prendrons comme type le Homard (*Homarus vulgaris*); il offre des facilités particulières pour la constatation des détails de structure concernant les téguments. Nous indiquerons en temps et lieu les différences, peu marquées du reste, que l'on rencontre chez d'autres Crustacés du même groupe.

Sans employer d'instruments grossissants, on peut facilement distinguer, dans les téguments du Homard et des autres Marcroures, deux couches distinctes :

1° Une couche externe formée de chitine, durcie ou non par des sels calcaires, et qui forme à elle seule le squelette tégumentaire de l'animal ;

2° Une couche interne molle, sous-jacente à la première, et qui, en raison du rôle qu'elle est appelée à jouer dans la formation du squelette tégumentaire, a été appelée du nom de *matrice*.

Les auteurs, et ils sont nombreux, qui ont voulu établir une homologie entre les téguments des Crustacés et la peau des animaux supérieurs, ont désigné la couche externe sous le nom d'*épiderme* et la couche interne sous le nom de *chorion* ou *derme*. La division du tégument en un *épiderme* et un *derme* ainsi conçue s'éloigne de la réalité; ainsi n'est-il pas étonnant que Leydig [1], ayant en vue cette attribution défectueuse, ait refusé d'accepter la comparaison entre les téguments des Crustacés et la peau des animaux supérieurs. Cependant, la comparaison n'est pas inexacte en principe : elle l'est seulement dans l'application. On peut, en effet, établir par des arguments tirés soit de l'embryologie, soit de l'analyse histologique, que l'enveloppe des Crustacés représente morphologiquement l'*épiderme* et le *chorion* ou *derme* des animaux supérieurs.

Pour nous l'*épiderme* est formé de deux couches :

a. Une *couche externe formée de chitine*, durcie ou non par des sels calcaires ;

b. Un *épithélium chitinogène* formé de cellules plus ou moins cylindriques et placé à la partie supérieure de la couche molle que les auteurs ont désignée sous le nom de *matrice*.

Le *derme* est formé de tissu conjonctif, qui varie énormément ici, comme chez tous les animaux inférieurs; il renferme du pigment, des vaisseaux et des nerfs, qui font défaut dans la couche précédente et, par contre, caractérisent celle-ci.

Structure des téguments du Homard (*Homarus vulgaris*). — Un examen attentif nous fait reconnaître dans la *couche externe* formée de chitine et surtout dans les parties durcies par les sels calcaires, plusieurs couches. Cette division en plusieurs assises, au point de vue morphologique, est purement artificielle; et en effet, dans les endroits où la couche externe n'est pas durcie par les sels calcaires, par exemple dans les articulations, il devient impossible d'établir une séparation nette entre les différentes couches élémentaires.

---

[1] Leydig, *Traité d'histologie*, trad. française, 1866, p. 119.

Pour étudier cette couche externe et ses divisions, on peut, comme nous l'avons dit, pratiquer des coupes de la carapace décalcifiée par l'acide acétique étendu, ou faire des coupes transversales de la même carapace sans l'avoir décalcifiée.

Dans les deux cas, nous trouvons, en procédant de l'extérieur vers l'intérieur, les détails suivants :

1° Une couche externe (fig. 2. a. pl. XXIII), extrêmement mince, d'une couleur jaunâtre plus ou moins marquée et sans structure appréciable ; elle est partout continue et ne présente d'interruption que pour le passage des soies. Cette couche a un rôle de protection évidente : elle oppose une grande résistance à l'action des acides ; car si l'on met une goutte d'acide sur la surface de la carapace, on observe que ce n'est qu'avec beaucoup de lenteur que l'acide parvient à faire passer au rouge les éléments de la couche immédiatement sous-jacente.

La position tout à fait extérieure et les caractères qu'elle présente, nous engagent à désigner cette couche sous le nom de *cuticule ;* elle correspond à la *couche épidermique* de Lavalle [1] et à la *pellicule* de M. Williamson [2].

2° Immédiatement au-dessous de la cuticule on trouve une couche (fig. 2, *b,* pl. XXIII) beaucoup plus épaisse que la première. Elle est formée d'un grand nombre de lamelles superposées et parallèles à la surface des téguments. Des stries longitudinales, noires, très étroites, traduisent à l'œil cette stratification. L'épaisseur de chaque lamelle est de beaucoup inférieure à l'épaisseur des lamelles qui forment la couche suivante.

Sur des coupes transversales très fines, quand on regarde avec un fort grossissement, on voit que chaque lamelle est traversée perpendiculairement par un nombre considérable de lignes verticales (fig. 2, *t.* pl. XXIII) peu marquées, et fort serrées, et donnant à la lamelle un aspect strié ; les stries se continuent d'une lamelle à l'autre jusque vers la face supérieure de cette deuxième couche. Nous devons nous demander quelle est la nature de ces stries perpendiculaires à la direction des lamelles. Sont-ce des fibres, comme l'a pré-

---

[1] LAVALLE, *Recherches d'anatomie microscopique sur le test des Crustacés Décapodes* (*Ann. des sc. naturelles,* 3ᵉ série, t. VII, p. 358, 1847).

[2] WILLIAMSON, *On some Histological Features in the Shells of the Crustacea,* in *Quart. Journ. Microsc. Sc.,* vol. VIII, p. 44, avec 1 pl., 1860.

tendu Lavalle [1] dans son mémoire sur la structure du test des Crustacés Décapodes, ou bien des canalicules poreux?

Examinons des préparations faites parallèlement à la surface des téguments.

Sur des coupes très fines, on voit dans le champ du microscope un nombre considérable de petites perforations régulièrement espacées et correspondant précisément aux stries verticales des lamelles. Cette observation répond à la question et montre clairement que l'apparence striée des lamelles de la seconde couche est due à des canalicules poreux.

La présence des canalicules poreux a été constatée d'ailleurs par beaucoup d'auteurs qui nous ont précédé dans cette étude.

Un fait particulier et qui caractérise la seconde couche, c'est sa coloration, due à la présence du pigment. La simple inspection de la carapace fraîche du Homard nous montre une coloration bleue, ou bleu foncé.

L'examen microscopique prouve, et nous insistons sur ce fait, que jamais la matière bleue foncée du test du Homard n'est répandue dans l'épaisseur des téguments, ni, comme on l'a dit, simplement accumulée à la surface; nous avons constaté toujours sa présence dans une couche spéciale et facile à reconnaître. Par l'action des acides et de l'eau bouillante la coloration bleue passe au rouge.

La présence constante du pigment limitée exactement à cette couche lui a valu le nom de *couche pigmentaire*, qui lui a été donné en 1847 par Lavalle [1] et que nous conserverons, parce qu'il rappelle un fait constant et écarte toute confusion.

Nous devons rappeler que cette couche a reçu de la part de Carpenter [2] et Quekett [3] le nom de *couche cellulaire*, et de la part de Williamson [4] le nom de *couche aréolaire*.

Nous nous empressons d'ajouter qu'il nous a été impossible, en faisant usage des réactifs, de constater la présence de noyaux. Les dessins que l'on voit à la surface du test rappellent une origine cellulaire; mais le processus par lequel il dérive d'une formation cel-

---

[1] LAVALLE, *loc. cit.*

[2] CARPENTER, *Report on the Microscopic Structure of Shells*, part. II, 1848, p. 127 (*British. Associat. for the Advancement of Science for* 1847).

[3] QUEKETT, *Lectures on Histology*, 1854, t. II, p. 393, avec figures.

[4] WILLIAMSON, *On some Histological Features in the Shells of the Crustacea*, in *Quart. Journ. Microsc. Sc.*, vol. VIII, p. 44, avec 1 planche, 1860.

lulaire diffère de celui qui a été imaginé par les auteurs précités. Nous reviendrons sur ce fait quand nous parlerons de la structure des téguments chez les Crabes et chez les Portunes.

Pour compléter la description nous devons ajouter que la *couche pigmentaire* est imprégnée de sels minéraux, qui se retrouveront dans la troisième couche qui forme presque à elle seule l'épaisseur du squelette tégumentaire.

La présence des carbonates est mise en évidence par l'emploi des acides même étendus. Si l'on met sur le porte-objet du microscope une préparation de carapace non décalcifiée et si l'on ajoute quelques gouttes d'un acide étendu, on voit se dégager des bulles de gaz dont le nombre augmente au fur et à mesure que l'action de l'acide se prolonge.

3° La troisième couche (fig. 2, *c*, pl. XXIII) est celle qui est de beaucoup la plus importante, car elle forme à elle seule presque toute la carapace, c'est la *couche dermique* de Lavalle[1] ou le *chorion calcifié* de Williamson[2] Elle est blanche et formée d'un grand nombre de lamelles qui se superposent les unes aux autres. Nous ne trouvons aucun intérêt à indiquer le nombre des lamelles parallèles qui forment cette couche, car il est très variable sur le même animal. Tout ce que nous pouvons dire à cet égard, c'est que les variations de nombre sont en rapport avec l'âge et les différentes parties des téguments. Plus l'animal sera âgé, plus le nombre des lamelles sera considérable. Les différentes parties des téguments qui seront appelées à jouer un grand rôle comme organes de préhension ou comme organes de défense seront dans le même cas. Il nous suffit pour citer à l'appui de cette assertion l'épaisseur du dernier article des pinces, qui prend des proportions relativement considérables. L'épaisseur de chaque lamelle est là de 5 μ environ, tandis que pour la couche pigmentaire, l'épaisseur ne dépasse pas 2 μ.

Sur des coupes transversales très fines on remarque, comme dans la couche pigmentaire, un nombre extrêmement considérable de lignes verticales très serrées et donnant un aspect strié aux lamelles parallèles qui forment la troisième couche.

Les lignes verticales se continuent sans interruption, des lamelles les plus inférieures jusque dans la couche pigmentaire, et nous nous

[1] Lavalle, *loc. cit.*
[2] Williamson, *loc. cit.*

sommes assuré que les canalicules poreux de la couche pigmentaire sont la continuation des lignes verticales de la troisième couche. Ces derniers sont, par conséquent, de même nature et de même origine que les *canalicules poreux*. Les mêmes caractères que nous a révélés l'étude microscopique et l'emploi des réactifs pour les canalicules poreux de la couche pigmentaire, nous les trouvons aussi pour les lignes verticales de la troisième, c'est pourquoi nous les désignerons dorénavant sous le nom de *canalicules poreux*.

On trouve dans cette troisième couche, de distance en distance, des grands canaux (fig. 2, *c. s*, pl. XXIII) qui traversent les lamelles parallèles, et qui vont jusqu'à la partie supérieure de la couche pigmentaire pour se rendre à la base des soies qui les surmontent. Nous reviendrons avec plus de détails sur la nature et la disposition de ces canaux quand nous parlerons des *soies*.

Pour compléter les détails de structure concernant la troisième couche, nous devons indiquer encore un autre fait, à savoir: que les lamelles parallèles diminuent considérablement d'épaisseur vers la partie la plus interne de cette couche. Il arrive un moment où l'épaisseur de ces lamelles égale l'épaisseur des lamelles de la couche pigmentaire avec cette seule différence que les dernières sont colorées par le pigment, tandis que les premières sont incolores.

Les carbonates sont en plus grande abondance dans cette couche que dans la couche pigmentaire.

4° Immédiatement au-dessous de la troisième couche, on en trouve une quatrième (fig. 2, *d*, pl. XXIII) dont l'épaisseur est peu considérable. Elle est blanche et formée d'un nombre plus ou moins grand de très petites lamelles délicates disposées parallèlement à la surface des téguments. Cette couche est nettement indiquée sur les préparations décalcifiées et elle diffère, tant par sa structure que par son contenu, des autres couches.

L'examen microscopique de cette couche montre la disposition lamellaire, l'absence presque complète des canalicules poreux et des sels calcaires. On constate, sur les parties internes, les contours des cellules cylindriques qui se trouvent immédiatement en dessous. Cette apparence a été constatée aussi pour l'Ecrevisse par Max Braun[1].

---

[1] Max BRAUN, *Ueber die Histologischen Vorgänge bei der Häutung von Astacus fluviatilis,* in *Arbeiten aus dem Zool.-Zool. Inst. in Würzburg,* 1875, Bd. II, p. 128.

La présence de cette couche est constante dans toutes les parties durcies des téguments du Homard et l'on peut facilement la détacher du reste de la carapace.

Tels sont les détails que l'on aperçoit sur les téguments durcis du Homard.

Si maintenant nous passons à l'étude des téguments chitineux, mais non calcifiés des articulations et surtout des téguments non calcifiés de la partie inférieure des anneaux abdominaux du Homard. nous ne pouvons pas reconnaître les séparations nettes entre les différentes couches que nous venons de décrire dans les téguments calcifiés. On reconnaît très facilement la présence de la cuticule, tandis que les autres couches sont représentées par des lamelles parallèles à la surface, plus ou moins serrées entre elles et dont le nombre varie considérablement.

L'examen microscopique nous montre l'absence complète de la matière colorante dans la couche sous-jacente à la cuticule et que nous avons appelée *couche pigmentaire*.

Si dans les téguments mous des articulations on ne peut pas distinguer les quatre couches que nous avons vues former les téguments durcis, il existe pourtant des points où l'on peut très bien constater le passage des couches qui forment les téguments calcifiés à celles qui forment les téguments mous.

A cet effet, il faut mettre à profit une disposition spéciale que nous offrent le troisième et le quatrième article des pinces du Homard.

Sur la face supéro-interne du troisième et du quatrième article, on voit que les téguments ne sont pas complètement calcifiés ; au milieu de la face supéro-interne du quatrième article des pinces, on voit une petite partie des téguments qui est complètement calcifiée. Cette partie calcifiée est entourée de téguments chitinisés mous, présentant la même coloration. On peut faire, dans cet endroit, des coupes transversales qui intéresseront la partie calcifiée et la partie non calcifiée. Dans la partie calcifiée on reconnaît facilement les quatre couches ordinaires. La troisième et la quatrième couche se confondent plus ou moins ; néanmoins on arrive à établir une séparation entre elles, et cette séparation est indiquée par une différence d'épaisseur. Les lamelles de la troisième couche sont plus épaisses, et par conséquent moins serrées que celles de la quatrième couche.

En suivant la coupe on voit que les assises calcifiées se continuent
dans les téguments non calcifiés ; ainsi on distingue facilement la *cuticule*, la *couche pigmentaire* et une troisième couche blanche, formée
de lamelles de chitine superposées. Celle-ci résulte de la fusion de
la troisième et de la quatrième couche. Cette impossibilité de distinguer les deux assises ne nous surprend pas, car les sels calcaires
qui établissaient ailleurs la différence, font ici complètement défaut.

Conclusion. — De cette étude il résulte, d'une manière générale,
*que la première partie de l'épiderme constituant les téguments, durcis
ou non, est formée de quatre couches qui se superposent*, à savoir :

1° Une couche externe sans structure, la *cuticule* ;

2° Une *couche pigmentaire* formée de lamelles parallèles traversées
par des canalicules poreux, renfermant des carbonates et du pigment qui lui donne une coloration spéciale ;

3° Une *couche calcifiée* formée comme la précédente de lamelles
parallèles avec des canalicules poreux, et ne renfermant jamais de
pigment ; elle est très épaisse et forme à elle seule presque toute la
carapace ;

4° Une couche non calcifiée formée de très petites lamelles.

Nous n'avons pas donné de dénomination spéciale, ni à la troisième couche, ni à la quatrième, parce qu'il n'y avait aucun intérêt ;
néanmoins les auteurs qui nous ont précédé dans ces recherches
n'ont pas manqué de créer des noms pour les différentes couches.
Ces désignations, sans présenter d'avantage pour la description, ont
introduit des idées erronées sur la nature morphologique des téguments. Pour ne parler que de la troisième et de la quatrième couche,
nous rappellerons qu'elles ont été réunies par Lavalle [1] sous le nom
de *couche dermique*.

Williamson [2] a donné à la troisième couche le nom de *chorion calcifié* (*calcified chorion*), et à la quatrième \couche le nom de *chorion
non calcifié* (*uncalcified chorion*).

Nous verrons par la suite qu'il existe, entre le derme véritable et
les téguments formés de chitine, un *épithélium cylindrique* nettement
caractérisé. C'est de cet épithélium et non du derme véritable, c'est-

---

[1] LAVALLE, *Recherches d'anatomie microscopique sur le test des Crustacés Décapodes*
(*Ann. des sciences naturelles*, 3ᵉ série, t. VII, p. 338 et 362, 1847).

[2] WILLIAMSON, *On some Histological Features of the Shells of the Crustacea*, in
Quart. Journ. of Microsc. Sc., vol. VIII, p. 44, pl. III, 1860.

à-dire du tissu conjonctif sous-jacent, que proviennent les différentes couches de chitine ; c'est pourquoi nous ne pouvons pas admettre les dénominations données par Lavalle et Williamson à des couches qui sont placées au-dessus de cet épithélium.

Pour nous, *les quatre couches qui constituent le squelette tégumentaire du Homard forment la première partie de l'épiderme ; la deuxième partie étant représentée par l'épithélium cylindrique, que nous allons aborder et qui représente la couche de Malpighi des animaux supérieurs.*

Voyons maintenant la structure des couches molles, qui se trouvent à la partie inférieure des téguments chitineux.

En procédant de dehors en dedans, nous trouvons en première ligne un *épithélium cylindrique*, et à sa partie inférieure le tissu conjonctif. Ces deux couches ont été réunies par les auteurs en une seule, à laquelle on a donné le nom de *matrice*. Pour des raisons que nous indiquerons, l'épithélium cylindrique formera pour nous la *deuxième couche de l'épiderme.*

Épithélium chitinogène. — En raison du rôle que cet épithélium joue dans la formation des enveloppes chitineuses, nous l'appellerons dorénavant : *épithélium chitinogène.* Cet épithélium, qui se trouve à la partie inférieure soit de la carapace, soit des téguments chitineux non calcifiés, est formé de grandes cellules plus ou moins cylindriques. La longueur des cellules varie beaucoup ; ainsi, on en trouve ayant un diamètre longitudinal de 24 μ, et d'autres dont le même diamètre est deux fois plus grand.

Chez le Homard les cellules cylindriques se terminent en cône et les prolongements ainsi formés vont s'unir aux fibres du tissu conjonctif sous-jacent.

Le protoplasma des cellules est granuleux et renferme un noyau régulièrement ovalaire avec des granulations fortement réfringentes, et un ou plusieurs nucléoles. Le picrocarminate d'ammoniaque colore en rose pâle le protoplasma des cellules, tandis que les noyaux et les nucléoles sont fortement colorés en rouge par le même réactif. A côté de ces cellules, qui forment l'épithélium chitinogène, on en trouve d'autres ayant la forme parfaitement cylindrique, et, dans ce cas, on peut distinguer facilement, surtout sur des préparations colorées, une membrane formé de fibres conjonctives. La position de cette membrane à la partie inférieure des cellules cylindriques, lui a valu le nom de *membrane basale,* qui lui a été donné par différents auteurs.

On peut se convaincre, non sans difficulté, de l'existence de cet épithélium à l'état frais, en examinant la préparation dans la lymphe de l'animal ; mais bien des détails échappent à l'observateur. Pour avoir de bonnes préparations, il faut durcir les tissus par l'alcool et les couper ensuite dans la paraffine. Dans ces conditions, sur des coupes transversales, on voit très bien l'épithélium chitinogène formé de cellules cylindriques.

Dans les replis des téguments on trouve une disposition différente. On sait que les épimères sont énormément développés chez les Macroures et contribuent à former à eux seuls la moitié postérieure du céphalothorax. En faisant une coupe des épimères on voit que les parties chitineuses des téguments se sont repliées en dessous pour couvrir la cavité où sont logées les branchies. Un repli de même nature se trouve dans les lobes de la nageoire caudale. Il est utile de rechercher quelle est la forme que prennent les cellules de l'épithélium chitinogène dans ces replis.

Si la coupe porte sur les épimères, on voit de distance en distance, entre les replis de la carapace, des faisceaux de fibres traversant le tissu conjonctif et aboutissant aux deux faces en regard de l'épithélium chitinogène. Ces faisceaux de fibres sont formés par les prolongements des cellules chitinogènes : ils renferment des noyaux de même grandeur que ceux des cellules de l'épithélium cylindrique.

Ces fibres ne sont donc pas de nature conjonctive, comme on l'a dit : en faisant des coupes très fines, nous n'avons jamais trouvé de séparation entre ces faisceaux et les cellules épithéliales.

Le fait devient très évident si la coupe porte sur un lobe de la nageoire caudale.

Nous reviendrons sur ces faits quand nous étudierons la mue, époque à laquelle ces détails se montrent avec une netteté parfaite, grâce à la longueur considérable que prennent les cellules de l'épithélium chitinogène.

La couche d'épithélium chitinogène est parfaitement constante, et ne peut pas être confondue avec le tissu conjonctif qui lui est sous-jacent.

Tissu conjonctif. — Le tissu conjonctif forme la couche la plus interne des téguments, son épaisseur varie selon les endroits ; ainsi dans les replis des téguments et vers le bord postérieur du céphalo-thorax, il atteint un développement maximum; tandis que dans les pattes et même, pour le céphalothorax, dans les endroits où les muscles s'insèrent directement aux téguments, son épaisseur diminue considérablement. Il est formé de grandes cellules arrondies renfermant un noyau régulièrement ovalaire; chaque noyau renferme de petites granulations fortement réfringentes, et dans la grande majorité des cas un seul nucléole, se colorant en rouge par le picrocarminate.

Parmi les cellules on trouve aussi des faisceaux de fibres du tissu conjonctif qui cheminent dans toutes les directions. Vers la partie la plus interne, le tissu conjonctif n'est plus représenté que par des fibres et il se continue avec les autres tissus du corps.

On trouve dans le tissu conjonctif, de distance en distance, des vaisseaux très petits et dans la partie la plus superficielle du pigment. Quand on dépouille un homard de sa carapace, à toute autre époque que celle de la mue, on voit dans le tissu conjonctif le pigment rouge se présentant tantôt sous forme de granulations, tantôt sous forme de cellules étoilées. Sur des Homards vivants que l'on peut se procurer sur les marchés, si l'on touche les parties molles sous-jacentes aux téguments calcifiés, après avoir enlevé préalablement la carapace, on voit se déposer sur les doigts des taches rouges qui ne disparaissent que par un lavage à l'alcool. Le pigment se dissout en effet dans l'alcool à 90 degrés centigrades, et après vingt-quatre ou quarante-huit heures il disparaît presque complètement des téguments qui sont conservés dans l'alcool.

Dans les replis des téguments, l'espace compris entre deux couches d'épithélium chitinogène est rempli de grandes cellules plus ou moins arrondies, qui forment le tissu conjonctif. Il faut noter pourtant de distance en distance de petites lacunes remplies par la lymphe de l'animal; on y trouve des corpuscules sanguins qui se colorent fortement par le picrocarminate d'ammoniaque.

Nous n'avons pas réussi à mettre les nerfs en évidence; néanmoins, ils doivent exister. On peut s'assurer de leur présence par une expérience très simple. Si l'on vient à exciter par des moyens physiques ou chimiques les téguments mous des Crustacés, au moment de la mue, on voit l'animal réagir par des mouvements et, si l'excitation est forte, les mouvements sont très accentués.

L'étude de la structure des téguments des autres Crustacés du groupe des Macroures ne nous a pas offert de différences sensibles. Ainsi, chez l'Ecrevisse (*Astacus fluviatilis*), on constate que les téguments chitineux sont formés de quatre couches, comme chez le Homard. La figure 1, planche XXIII, représente la coupe transversale des téguments chitineux de la carapace. On y voit les quatre couches superposées : *la cuticule* (*a*), *la couche pigmentaire* (*b*), *la troisième couche calcifiée* (*c*), et enfin *la quatrième couche interne non calcifiée* (*d*). La séparation entre la troisième et la quatrième couche est peu marquée; c'est pourquoi MM. Lavalle [1] et Max Braun [2] les ont réunies en une seule. Néanmoins, on arrive à constater l'existence des quatre couches que nous avons indiquée, et la séparation entre la troisième et la quatrième couche devient plus prononcée par ce fait que les lamelles parallèles de la quatrième couche sont plus serrées entre elles et ne renferment pas de sels calcaires. On observe les mêmes caractères pour les différentes couches que forment les téguments chitineux de la Langouste et des autres Macroures.

Immédiatement après les couches chitineuses, on trouve chez l'Ecrevisse un épithélium chitinogène formé de cellules plus ou moins cylindriques. Nous croyons devoir faire remarquer que les cellules de l'épithélium chitinogène de l'Ecrevisse sont peu développées à des époques éloignées de la mue, et la même chose s'observe chez les Langoustes.

Le tissu conjonctif qui se trouve à la partie inférieure de l'épithélium chitinogène est formé de cellules et de fibres renfermant des noyaux avec un ou plusieurs nucléoles se colorant en rouge par le picrocarminate. Entre le tissu conjonctif et l'épithélium chitinogène, on remarque l'existence d'une membrane fibreuse analogue à la membrane basale que nous avons trouvée à la base des cellules de l'épithélium chitinogène du Homard. Dans le tissu conjonctif, on trouve des vaisseaux et du pigment. En somme, les téguments des Décapodes Macroures présentent une grande uniformité de structure, et les différences ne portent que sur leur épaisseur plus ou moins grande, dans la carapace ou dans les pinces.

---

[1] LAVALLE, *Recherches d'anatomie microscopique sur le test des Crustacés Décapodes* (*Ann. des sciences naturelles*, 3ᵉ série, t. VII, p. 357 et 358, 1847).

[2] Max BRAUN, *Ueber die Histologischen Vorgänge bei der Häutung von Astacus fluviatilis*, in *Arbeiten aus dem Zool.-Zoot. Institut in Würzburg*, 1875, Bd. II, p. 128.

Nous devons rappeler en passant que l'on observe, à la surface de la carapace des Langoustes, des piquants dont la structure rappelle celle des téguments chitineux. Les différentes couches chitineuses qui forment la carapace se sont soulevées pour former ces productions. L'épithélium chitinogène et le tissu conjonctif ont suivi le soulèvement imprimé aux téguments chitineux.

B. *Structure des téguments des Décapodes Brachyures.*

Les téguments des Crustacés Décapodes du groupe des Brachyures se composent de deux parties distinctes : un *épiderme* et un *derme*, comme nous l'avons établi pour les Décapodes Macroures.

L'*épiderme* est formé de deux couches nettement indiquées : une *couche externe* formée de *chitine* et une *couche interne* formée par l'épithélium chitinogène.

Le *derme* est représenté par le tissu conjonctif renfermant du pigment et des vaisseaux. — On sait que chez les Crabes la carapace est formée par le développement considérable du tergum qui couvre toute la région du céphalothorax, tandis que les épimères sont rudimentaires et sont placés en dessous et sur les côtés de la carapace.

Pour rendre compréhensible la structure des téguments des Décapodes Brachyures, nous prendrons pour base de notre description le *Crabe Tourteau* (*Platycarcinus pagurus*), en indiquant ensuite les différences peu marquées que présentent les autres Brachyures.

Structure des téguments du Crabe Tourteau (*Platycarcinus pagurus*).

Si l'on fait une coupe transversale des téguments du Crabe Tourteau, dans la région postérieure de la carapace, on trouve, en partant de dehors en dedans, les parties suivantes : 1° Une *couche de chitine*, qui forme le squelette tégumentaire ; 2° Un *épithélium chitinogène ;* 3° Le *tissu conjonctif*.

La couche de chitine formant le squelette tégumentaire se compose de de quatre assises, comme chez le Homard. Les divisions que nous admettons pour cette première couche sont indiquées par la différence de structure et de contenu, mais elles n'ont pas un grand intérêt.

La première couche chitineuse qui forme le squelette tégumentaire se compose des parties suivantes :

a. Une couche externe extrêmement mince, sans structure et d'une couleur plus ou moins jaunâtre, c'est la *cuticule*. Quand on regarde la cuticule de face, sur une coupe parallèle à la surface des téguments, on voit de distance en distance de petits tubercules blanchâtres, et l'espace compris entre les tubercules est occupé par des contours polygonaux. Ce fait nous indique l'origine cellulaire des téguments chitineux, car, comme nous nous en sommes assuré par des mensurations, les dimensions de ces dessins correspondent précisément à celles des cellules cylindriques de l'épithélium chitinogène.

Au niveau des tubercules, la cuticule est très mince; elle laisse apercevoir par transparence des cercles concentriques correspondant aux lamelles de la troisième couche, déprimées en quelque sorte et soulevées pour occuper l'espace conique laissé libre par la couche pigmentaire.

On ne voit pas dans la cuticule les petits trous correspondant aux canalicules poreux, ce qui nous démontre que ces canalicules s'arrêtent à la partie supérieure de la couche sous-jacente dont nous allons aborder l'étude.

b. Après la cuticule, on trouve une seconde couche beaucoup plus épaisse ; elle correspond à la *couche pigmentaire* du Homard et, comme chez lui, elle présente les mêmes caractères. Cette couche est formée d'un nombre plus ou moins grand de lamelles parallèles à la surface de la carapace, traversées par des canalicules poreux. On trouve aussi des sels calcaires dont la présence est mise en évidence par les acides qui font dégager des bulles de gaz et du pigment qui donne, à travers la cuticule, sa couleur à la carapace.

Le traitement par les acides et même par l'eau bouillante fait passer au rouge la teinte de cette couche. Il n'y a donc pas de différences sensibles entre la couche pigmentaire du Homard et, par conséquent, des Macroures en général, et la couche pigmentaire du Crabe Tourteau. Néanmoins, on trouve quelques traits différentiels, nous devons en signaler un qui, précisément, est caractéristique pour la couche pigmentaire des Brachyures. Cette couche ne présente pas partout la même épaisseur, on voit de distance en distance qu'elle laisse des espaces libres plus ou moins coniques, dus à l'interruption des lamelles parallèles et qui sont occupés par les lamelles soulevées de la troisième couche. Il faut remarquer cependant que l'interruption de la couche pigmentaire n'est pas absolue, car on retrouve à la partie supérieure des lacunes ou des espaces coniques quelques petites lamelles, qui sont le prolongement des lamelles soulevées de la couche pigmentaire.

Ce fait est plus ou moins caractéristique pour la carapace des Crabes et se présente surtout chez les Tourteaux avec une netteté parfaite.

La couche pigmentaire est parcourue aussi par de grands canaux qui vont se rendre à la base des soies. Ces canaux ne traversent jamais les lacunes de la couche pigmentaire; ils passent toujours dans les intervalles des lacunes.

On remarque dans la couche pigmentaire des espaces en forme de tubes, qui simulent jusqu'à un certain point les canalicules poreux, mais qui sont un peu plus grands. Quand nous étudierons la formation des téguments chitineux au moment de la mue, nous reviendrons sur la nature de ces espaces. Tout ce que nous pouvons dire pour le moment, c'est qu'ils limitent des portions de la couche pigmentaire, en leur donnant l'aspect de prismes. Sur une coupe parallèle à la surface, on voit des dessins dont les contours correspondent précisément aux espaces dont nous parlons; l'aspect des dessins est celui de polygones hexagonaux.

Ces dessins sont bien visibles non seulement sur la cuticule, mais aussi sur la couche pigmentaire, soit dans son tiers supérieur, soit dans toute son épaisseur, comme le cas se présente chez le *Portunus puber* et même chez les *Platycarcinus pagurus*.

Ces faits ont été constatés aussi par Carpenter[1] et par Quekett[2] et ces auteurs ont, à cause de cela, donné le nom de *couche cellulaire* à la *couche pigmentaire*.

Nous nous empressons d'ajouter que cette dénomination a été repoussée en 1859 par Huxley[3], par la raison qu'il n'y a pas trouvé de noyaux. Pour lui, ces dessins semblables aux cellules hexagonales « résultent d'un dépôt additionnel de matière calcaire dans les couches les plus superficielles de la coquille ».

L'année suivante, M. Williamson[4] a appelé la couche pigmentaire *couche aréolaire* et accepté complètement les explications de M. Huxley.

---

[1] CARPENTER, *Report on the Microscopic Structure of Shells*, part. II, 1848, p. 127 (*British Associat. for the Advancement of Science, for* 1847).

[2] QUEKETT, *Lectures on Histology*, 1854, t. II, p. 392 et 393, fig. 252.

[3] HUXLEY, *Tegumentary organs* (*Todd's Encyclopedia of Anat. and Physiol.*, suppl., vol. 1859, p. 486).

[4] WILLIAMSON, *On some Histological Features in the Shells of the Crustacea*, in *Quart. Journ. Microsc. Sc.*, vol. VIII, p. 35-47, pl. III, 1860.

Quand nous nous occuperons de la formation des téguments pendant la mue, nous verrons jusqu'à quel point ces hypothèses peuvent être soutenues.

Pour le moment, nous pouvons dire que ces dessins rappellent l'origine cellulaire des téguments, ils sont dus à l'épaississement successif de la paroi supérieure des cellules qui forment l'épithélium chitinogène.

c. Après la couche pigmentaire, on trouve vers la partie interne la *troisième couche calcifiée* constituant à elle seule presque toute la carapace. Son épaisseur varie selon les différents endroits et selon l'âge de l'animal. Ainsi sur la carapace des grands Tourteaux, cette couche atteint jusqu'à 2 millimètres, et dans les pinces son épaisseur est beaucoup plus grande. Elle est blanche et formée de plusieurs lamelles parallèles, comme chez le Homard, et traversées par d'innombrables canalicules poreux, dont la présence peut être aisément mise en évidence, en s'y prenant comme nous l'avons indiqué pour le Homard.

d. Tout à fait à la partie interne des téguments chitineux, on trouve la *quatrième couche non calcifiée* formée de plusieurs lamelles parallèles à la surface interne de la carapace. On arrive facilement à la détacher de la troisième couche calcifiée et l'on peut mettre à profit la facilité que l'on a de séparer cette couche des trois autres, pour étudier les parties molles qui se trouvent à la partie inférieure de la carapace et que les auteurs ont désignées à tort sous le nom de *matrice.*

Epithélium chitinogène. — Les téguments chitineux du *Platycarcinus pagurus* et des Brachyures en général présentent, à la partie interne, une couche molle à cellules plus ou moins cylindriques qui représente morphologiquement l'*épithélium chitinogène* que nous avons vu chez le Homard. On trouve d'une manière constante cet épithélium chez le *Carcinus mœnas,* chez le *Portunus puber, Maïa squinado, Xantho,* etc., et l'on peut dire d'une manière générale chez tous les Brachyures.

Il présente, comme nous l'avons dit, des cellules plus ou moins cylindriques; ces cellules se terminent vers la partie inférieure en pointe, et offrent des prolongements qui s'unissent aux fibres du tissu conjonctif sous-jacent. Le protoplasma des cellules est granuleux et renferme un noyau régulièrement ovalaire avec des granulations fortement réfringentes, et un ou plusieurs nucléoles se colorant en rouge par le picrocarminate, tandis que le protoplasma granuleux se colore en rose pâle par le même réactif. Je crois devoir faire remarquer que ce n'est pas sans difficulté que l'on arrive à mettre en évidence cet épithélium ; les éléments qui le constituent sont, en effet, beaucoup plus petits que ceux du Homard, surtout à des époques éloignées de la mue.

Pour se rendre compte de la disposition, de la forme et, en un mot, de tout ce qui caractérise cet épithélium, il faut tirer profit de la facilité que l'on a de séparer la quatrième couche non calcifiée des trois autres qui forment les téguments chitineux durcis par les sels calcaires.

On arrive à isoler quelques lamelles non calcifiées de la quatrième couche avec tous les éléments qui forment le tissu mou et qui se trouvent à la partie inférieure. Une fois cette opération terminée, on procède au durcissement des tissus par l'alcool à 60 et à 90 degrés, après quoi on les colore par le picrocarminate et on les coupe dans la paraffine.

Sur des coupes pratiquées perpendiculairement à la surface des téguments, on voit tous les détails que nous venons d'indiquer.

On trouve assez souvent à la base de cet épithélium une membrane de soutien analogue à la membrane basale du Homard. Chez le *Platycarcinus pagurus*, cette membrane indique la séparation entre l'épithélium chitinogène et le tissu conjonctif sous-jacent.

Tissu conjonctif. — Le tissu conjonctif offre, comme celui des Macroures, de grandes cellules plus ou moins arrondies et renfermant un noyau de même grandeur que celui des cellules de l'épithélium chitinogène. Parmi les cellules du tissu conjonctif, on trouve aussi des fibres, des vaisseaux et du pigment, se présentant sous l'aspect de granulations vers la partie supérieure où se constitue la *zone pigmentaire*.

Vers la partie interne, le tissu conjonctif présente seulement des fibres qui se continuent avec les autres tissus du corps de l'animal. Dans les endroits où les muscles s'attachent à la carapace, on voit les faisceaux musculaires s'insérer non directement à la carapace, comme on l'a soutenu jusqu'en ce moment, mais à la partie inférieure des cellules qui forment l'épithélium chitinogène. Les cellules sont dans ce cas parfaitement cylindriques : entre elles et les faisceaux musculaires qu'elles surmontent, on trouve la membrane basilaire qui sert pour l'insertion des fibres des muscles striés[1].

Si nous passons maintenant en revue la structure des téguments des autres Brachyures, nous verrons les mêmes couches chitineuses que nous avons signalées chez le *Platycarcinus pagurus*.

La carapace des *Maïa Squinado* présente à sa face externe de nombreux piquants. La nature de ces piquants ou plutôt leur structure est celle de la carapace ; et en effet, ils sont formés par la première, la deuxième et la troisième couche des téguments chitineux du squelette tégumentaire, c'est-à-dire par la *cuticule*, la *couche pigmentaire* et par la *troisième couche calcifiée*, qui se sont soulevées pour former les piquants. Assez souvent on trouve des piquants plus ou moins gros, et le cas n'est pas rare chez les *Maïa Squinado*.

Des faits de même nature ont été rencontrés aussi chez la Langouste (*Palinurus vulgaris*).

Nous avons vu que la couche pigmentaire du *Platycarcinus pagurus* est interrompue de distance en distance par des espaces dont la forme est plus ou moins conique et quelquefois semi-ovalaire, et qui sont occupés par le soulèvement des lamelles de la troisième couche. Ces interruptions, que l'on constate avec une grande facilité sur des coupes transversales, correspondent précisément aux tubercules blanchâtres que l'on voit à la surface des téguments chitineux de la carapace ; leur couleur blanche à travers la cuticule est due aux lamelles soulevées de la troisième couche. Ce fait, qui caractérise la couche pigmentaire du *Platycarcinus pagurus* et des Crabes en général, manque chez les autres Brachyures, ou tout au moins on ne voit que de petits espaces coniques limités par le soulèvement des lamelles qui entrent dans la composition des téguments chitineux.

Pour ce qui concerne l'épithélium chitinogène et le tissu conjonctif

---

[1] Nous n'avons pas donné une figure à part, représentant la coupe transversale des téguments des Brachyures à des époques éloignées de la mue. Pour se rendre compte de la structure du tégument de ces animaux, il suffit de regarder les figures 4 et 5, pl. XXIII, et la figure 28, pl. XXVII. La seule différence qui existe entre les téguments de ces animaux au moment de la mue et à des époques éloignées, consiste en ce que les éléments de l'épithélium chitinogène sont plus développés pendant la mue qu'à toute autre époque, et que les différentes couches chitineuses ne sont pas complètement développées.

des autres Brachyures, nous n'avons rien à ajouter ; chez tous les Décapodes Brachyures ils se présentent avec les mêmes caractères que chez le *Platycarcinus pagurus*, que nous avons choisi comme type pour faciliter l'exposé des faits.

Il nous reste maintenant à nous occuper *des soies*, qui, comme nous le verrons, ne sont que des dépendances du tégument.

Des soies. — En regardant attentivement les téguments chitineux, on voit à leur surface des prolongements piliformes, dont le nombre, la grandeur et la forme varient considérablement. Nous nous proposons ici de montrer la structure de ces prolongements, qu'on appelle *des soies*, laissant de côté les questions concernant le nombre et la grandeur, qui, à notre avis, ne présentent pas un grand intérêt.

On a désigné à tour de rôle ces prolongements, tantôt sous le nom de *poils*, tantôt sous le nom de *soies*. Ajoutons que les auteurs qui se sont occupés de la question ne voient dans ces prolongements cuticulaires rien d'analogue aux poils des animaux supérieurs. Leur structure écarte toute assimilation de ce genre. L'étude de ces prolongements présente un certain intérêt.

Nous nous sommes demandé s'il y avait moyen de reconnaître, dans ces prolongements, les couches de chitine que nous avons vues former les téguments et, dans ce cas, quelles sont les couches qui sont représentées dans ces prolongements.

Avant d'aborder l'étude de la structure intime de ces productions cuticulaires, il faut établir d'abord le fait suivant : Parmi les nombreux prolongements, il y en a qui présentent un canal central, et d'autres qui en sont complètement dépourvus ; ces derniers sont, en général, plus petits que les autres, cependant à la surface interne de la couche de chitine qui tapisse l'estomac on en trouve qui présentent toutes les grandeurs. Notre intention n'est pas d'établir ici une classification de ces prolongements.

Lorsque l'on fait une coupe transversale de la carapace du *Platy-carcinus pagurus*, on voit à la surface de petits prolongements formés uniquement par la cuticule et présentant, par conséquent, les mêmes caractères. Nous les appellerons dorénavant : *prolongements cuticulaires*.

Sur la surface de la carapace du *Portunus puber* on voit un nombre considérable de ces petits prolongements cuticulaires sans canal intérieur et qui présentent absolument les mêmes caractères que ceux du Crabe Tourteau, avec cette seule différence que ceux du *Portunus puber* sont plus longs et extrêmement nombreux.

On rencontre ces prolongements cuticulaires sur les bords des épimères, des nageoires et sur la surface interne de la couche de chitine qui tapisse l'estomac.

Leur caractère principal est d'être dépourvus d'un canal central ; de plus, qu'ils soient petits ou grands, ils ne présentent jamais de ramifications latérales.

Les prolongements qui présentent un canal dans leur intérieur varient beaucoup par leur forme et par leur grandeur. Nous appellerons ces prolongements, à l'exemple de M. Huxley, du nom de *soies*, dénomination qui n'implique rien sur leur structure intime.

D'une manière générale, les *soies* prennent naissance dans une cavité des couches chitineuses des téguments, où elles commencent par un anneau formant l'articulation basilaire. En faisant des coupes transversales des téguments chitineux dans la région céphalothoracique, on peut se rendre facilement compte de leur structure. On voit au milieu de la dépression l'article basilaire, formé uniquement par la cuticule. Si la coupe intéresse la partie centrale de la soie, on voit la cuticule suivre la dépression, constituer l'articulation, et puis remonter de nouveau et former. les parois dont l'épaisseur varie beaucoup ; ceci confirme l'observation de M. Milne-Edwards[1], à propos des soies du *Maïa Squinado*. Ainsi on trouve des soies dont le diamètre transversal varie de 20 μ. à 35 μ. ; nous pouvons citer les soies du *Portunus puber* que l'on voit dans la figure 4, *s*, pl. XXIII ; l'épaisseur seule de la paroi atteint jusqu'à 5 μ.. La grandeur des soies peut varier beaucoup ; et, en effet, on en trouve de très petites, comme on peut le voir dans la figure 2, pl. XXIII, et d'autres qui présentent une longueur plus ou moins grande.

Parmi les soies qui présentent un canal, il y en a qui sont glabres (fig. 2 et 5, pl. XXIII) et d'autres qui présentent des barbes sur les côtés. Ainsi la plus grande partie des soies du *Portunus puber* (fig. 4, pl. XXIII), des Galatées (fig. 20, pl. XXV), etc., présentent sur les côtés des barbes *br* et jamais de barbules. Nous avons dit que ces soies présentent un canal central et diffèrent par cela des *prolongements cuticulaires* que nous avons étudiés.

---

[1] Milne-Edwards, *Leçons de physiologie et anatomie comparée de l'homme et des animaux*, t. X, p. 191, 1874.

Le canal est limité à la tige des soies et ne se continue pas dans les ramifications barbulaires ; il renferme une matière granuleuse qui se colore en rose par le picrocarminate, tandis que les parois sont jaunes comme la cuticule des téguments.

Contrairement à ce que croyait Lavalle [1], le contenu granuleux des soies n'a rien d'analogue avec celui des poils des animaux supérieurs ; il est de même nature que le contenu des canaux qui traversent les couches chitineuses pour arriver à la base des soies et se continuer avec leur canal.

De cette étude, il résulte que la structure des parois des soies et des barbes est celle de la cuticule ; les soies sont formées, comme la cuticule, d'une substance homogène d'apparence cornée, ne se colorant pas par les réactifs et ne renfermant pas de sels calcaires. En suivant la continuité du revêtement extérieur on ne peut se tromper sur la nature cuticulaire de ces appendices et si nous insistons, c'est que Lavalle dans son mémoire sur le test des Crustacés Décapodes a soutenu l'opinion contraire. Pour lui les soies ne sont pas un prolongement de la cuticule, qu'il appelle *couche épidermique*, mais elles naissent au-dessous de l'épiderme par une masse arrondie ayant la plus grande analogie avec un bulbe qui aurait été envahi par la matière cornée.

Pour se faire une idée exacte de ce que Lavalle pensait de la nature des soies, nous lui emprunterons le passage suivant :

« Les barbes sont formées, ainsi que les poils, d'une substance homogène d'apparence cornée et évidemment inorganisée. Cette substance paraît en tout semblable à celle qui compose la couche épidermique et les ongles.

« Mais s'il y a similitude et peut-être identité de nature chimique, on ne saurait admettre qu'il y ait continuité entre ces différentes parties : les poils naissent au-dessous de l'épiderme par une masse arrondie, qui a la plus grande analogie avec un bulbe qui aurait été envahi par la matière cornée. »

Et plus loin il ajoute :

« Ce qui s'opposerait encore à faire regarder les poils comme des prolongements de l'épiderme, c'est la présence dans leur intérieur d'un canal central qui en occupe toute la longueur [2] ».

---

[1] LAVALLE, *Recherches d'anatomie microscopique sur le test des Crustacés Décapodes* (*Ann. des sciences naturelles*, 3ᵉ série. t. VII, p. 369 et 370, 1847).

[2] LAVALLE, *loc. cit.*

La manière dont l'auteur justifie son interprétation est sans intérêt. D'après tout ce que nous avons vu, il n'y a pas à hésiter sur la nature cuticulaire des soies. La masse arrondie dont parle Lavalle et d'où naîtraient ces organes est représentée par l'articulation basilaire creuse, toujours cuticulaire, et ne présentant [rien d'analogue à un bulbe.

Des canaux. — Lorsque nous nous sommes occupé des prolongements cuticulaires, nous avons établi une division selon qu'ils renfermaient ou non un canal central dans leur intérieur. Nous avons dit aussi que les prolongements cuticulaires canaliculés étaient en communication avec des canaux qui traversent les téguments chitineux. C'est de ces canaux que nous voulons nous occuper en ce moment. L'étude des coupes transversales des téguments soit complètement développés, soit en état de formation, nous montre des conduits qui traversent des couches de chitine de bas en haut pour arriver à la base des soies et se mettre en continuité, dans la majorité des cas, avec leur canal central. Sur de bonnes préparations on arrive à reconnaître une paroi propre et un contenu. Si les téguments ont été desséchés pendant quelque temps, il arrive assez souvent que les canaux soit remplis d'air ; si, au contraire, on fait des coupes sur des téguments décalcifiés et non desséchés, on arrive à leur reconnaître un contenu plus ou moins granuleux qui se colore par le picrocarminate d'ammoniaque.

Les canaux, par leur partie périphérique, se mettent en communication avec le canal de la soie et par leur partie basilaire avec l'épithélium cylindrique sous-jacent aux téguments chitineux. En étudiant le tégument au moment de sa formation, on trouve une ou plusieurs cellules à leur base ; quelquefois une seule cellule de l'épithélium chitinogène se continue avec le canal. Les canaux dont nous nous occupons en ce moment ne présentent jamais de prolongements latéraux, ils traversent en ligne droite, perpendiculairement à la surface, les téguments chitineux. La grandeur du diamètre transversal de ces canaux empêche de les confondre avec les canalicules poreux, qui, sur des coupes transversales, se montrent sous l'aspect de lignes ondulées.

Ces faits sont généraux et on les constate chez tous les Crustacés Décapodes.

Chez le *Portunus puber* nous avons vu que le canal central des soies présentait un diamètre transversal plus ou moins grand. Ces canaux deviennent plus étroits vers la base des soies dans la majorité des cas. Ce fait est constant chez le *Portunus puber*.

Les canaux tégumentaires, en traversant les différentes couches chitineuses, semblent soulever sur leurs côtés les lamelles parallèles, comme ils les refoulaient dans leur passage.

En parlant de la couche pigmentaire du *Platycarcinus pagurus*, nous avons dit que les lamelles parallèles de cette couche s'interrompent de distance en distance pour former des lacunes ou des espaces libres plus ou moins coniques et que les soies correspondaient toujours aux intervalles de ces lacunes.

La figure 5, pl. XXIII, montre cette disposition : on y voit les canaux tégumentaires *c. s* se continuer par les soies *s* et occuper les intervalles des lacunes *g*.

CHAPITRE II.

STRUCTURE DES TÉGUMENTS EXTERNES ET INTERNES CHEZ LES CRUSTACÉS DÉCAPODES AU MOMENT DE LA MUE.

Au moment où les anciennes enveloppes chitineuses sont prêtes à être rejetées par l'animal, les nouvelles enveloppes qui doivent les remplacer ne sont pas entièrement formées. On ne peut pas distinguer dans les téguments nouveaux les différentes couches de chitine qu'on observait dans les anciennes enveloppes à des époques éloignées de la mue.

Pour comprendre le processus de formation des nouvelles couches chitineuses, il faut suivre leur développement. On comparera donc l'état des téguments dans la période qui précède immédiatement la mue et dans celle qui la suit.

Nous exposerons d'abord, pour cette première période préparatoire, la structure des téguments externes de quelques types choisis parmi les Décapodes Macroures, et ensuite nous insisterons sur la structure des parties du tube digestif qui prennent part aussi à la mue.

A. *Structure des téguments chez les Décapodes Macroures.*

Les types que nous avons choisis sont l'Ecrevisse (*Astacus fluviatilis*) et le Homard (*Homarus vulgaris*).

§ 1. *Structure des téguments chez l'Ecrevisse (Astacus fluviatilis)
dans la période préparatoire de la mue.*

Il est difficile de savoir par la simple inspection si l'animal est ou
non dans la période préparatoire. Les téguments chitineux ont, il
est vrai, perdu un peu de leur consistance, mais ce caractère physique peut induire en erreur. Il faut, pour être assuré que l'animal
se trouve dans cette condition, recourir aux dissections. Si l'on
trouve sur les parois latérales de la portion renflée du tube digestif,
c'est-à-dire sur l'estomac, les *productions calcaires* qu'on appelle *yeux
d'écrevisse*, on est certain d'avoir sous la main une Ecrevisse dans la
période préparatoire. Ces productions calcaires n'existent, en effet,
que dans cette période, et elles disparaissent immédiatement après
le rejet des anciennes enveloppes. On peut tenir compte encore du
caractère suivant : si sous les téguments chitineux durcis par les
sels calcaires on trouve de nouvelles couches de chitine en voie de
formation, c'est la preuve que l'animal qu'on a sous la main se prépare pour la mue.

Nous avons choisi un animal qui réalisait les conditions que nous
venons d'indiquer. Une coupe transversale des téguments, dans la
région postérieure du céphalothorax, montre les faits suivants :

1° L'*ancienne carapace*, près de tomber, est formée de quatre couches qui se superposent, à savoir : la *cuticule*, la *couche pigmentaire*,
la *troisième couche calcifiée*, et enfin la *quatrième couche non calcifiée*. Ces
couches chitineuses présentent les caractères que nous avons indiqués pour des époques éloignées de la mue ;

2° Immédiatement au-dessous, c'est-à-dire entre l'ancienne carapace et l'épithélium chitinogène, se trouve la *nouvelle carapace*, in-
complètement développée ;

3° A la partie inférieure de la *nouvelle carapace*, on trouve l'*épithélium chitinogène*, formé de cellules plus ou moins cylindriques ;

4° Sous l'épithélium chitinogène, on trouve le *tissu conjonctif*.

Voici la constitution de ces différentes couches :
Nouvelle carapace. — On distingue dans la nouvelle carapace, en
procédant du dehors au dedans, deux couches qui se superposent :

a. Une couche externe extrêmement mince et dont l'épaisseur ne
dépasse pas 1 millième de millimètre, c'est la *cuticule* (fig. 21, a,

pl. XXVI); elle est sans structure appréciable, d'un aspect corné et présente une coloration plus ou moins jaunâtre.

b. Immédiatement après la cuticule, on trouve une couche de chitine assez développée et qui forme presque, à elle seule, la *nouvelle carapace*.

Cette couche est divisée en deux autres : une couche supérieure *b* et une couche inférieure *b'*.

La couche supérieure est formée de lamelles chitineuses parallèles à la surface.

La couche inférieure est formée de chitine comme la précédente et nous présente un fait très important pour l'intelligence du processus de formation des couches successives de la carapace. Dans sa partie inférieure elle offre, en effet, des *lignes* ou plutôt des *espaces s'* (fig. 21, pl. XXVI) dont la direction est perpendiculaire à la surface de la carapace. Ces espaces correspondent aux espaces intercellulaires des cellules formant l'épithélium chitinogène, qui se trouve immédiatement au dessous.

Ces espaces se colorent en rose par le picrocarminate d'ammoniaque; entre eux l'on voit de très petites lamelles parallèles à la surface supérieure de chaque cellule épithéliale chitinogène. Ces lamelles parallèles ne sont autre chose que les lamelles d'accroissement de la nouvelle carapace.

Nous verrons le même fait se présenter chez les autres Crustacés, non seulement pour les téguments externes, mais aussi pour la couche de chitine qui tapisse intérieurement le tube digestif et l'intestin en particulier. C'est en observant ce fait sur la couche chitineuse de la portion renflée de l'intestin terminal que nous avons été amené à le chercher dans les téguments.

La nouvelle carapace dont nous venons d'étudier la structure ne présente pas partout la même épaisseur. Le plus grand développement en épaisseur se trouve vers le bord postérieur du céphalothorax. Sur la même coupe, on voit diminuer insensiblement l'épaisseur de la nouvelle carapace, et les couches de chitine finissent par n'être plus représentées que par la *cuticule* doublée d'une très mince couche chitineuse à strates parallèles.

L'épithélium. — Immédiatement au-dessous des nouvelles couches de chitine on voit un épithélium *E*, formé de cellules plus ou moins cylindriques. En raison du rôle que doit remplir cet épithélium, pour la formation des téguments chitineux, nous l'appellerons : *épithélium chitinogène*. Je crois devoir faire remarquer que cette dénomination a été aussi employée par M. Max Braun [1] dans son mémoire sur l'histologie des tissus de l'Ecrevisse, et encore par d'autres auteurs.

Les cellules de l'épithélium chitinogène sont plus ou moins cylindriques ; dans la grande majorité des cas, elles se terminent inférieurement par des prolongements qui se continuent avec les fibres du tissu conjonctif sous-jacent. Dans leur moitié supérieure, les cellules sont parfaitement cylindriques et renferment dans leur milieu un grand noyau *n*, régulièrement ovalaire. Ce qui frappe d'abord, lorsque l'on fait une coupe transversale des téguments de l'Ecrevisse, c'est la grandeur considérable des noyaux, soit des cellules qui forment l'épithélium chitinogène, soit des cellules et des fibres du tissu conjonctif. Les noyaux de cet épithélium renferment un grand nombre de granulations fortement réfringentes et un ou plusieurs nucléoles *n'*, le tout se colorant fortement en rouge par le picrocarminate d'ammoniaque, tandis que le protoplasma est à peine coloré en rose par le même réactif.

L'épithélium chitinogène ne présente point partout cette même régularité. Dans les replis des téguments, on voit de distance en distance les cellules cylindriques s'allonger et prendre la forme d'un cône renversé (fig. 23, *Kl*, pl. XXVI). Les prolongements des cellules de l'épithélium chitinogène, d'un des feuillets traversent la couche du tissu conjonctif, pour se continuer avec des prolongements de même nature des cellules de l'épithélium de la partie repliée, c'est-à-dire de l'autre feuillet.

La figure 26, pl. XXVI, représente une coupe transversale des téguments de la partie postérieure du céphalothorax, formée par les épimères extrêmement développés et réunis sur la ligne médiane.

Dans cette figure, on voit supérieurement la *cuticule a*, une *petite couche de chitine b* et l'*épithélium chitinogène* E ; vers la partie inférieure, on distingue aussi la *cuticule*, la *couche de chitine* et l'*épithélium chitinogène*. Entre l'épithélium chitinogène supérieur et inférieur, on voit des faisceaux du tissu conjonctif formant des sortes de *colonnades Kl* et qui ne sont autre chose que des prolongements des cellules de deux épithéliums chitinogènes.

[1] Max Braun, *Ueber die Histologischen Vorgänge bei der Häutung von Astacus fluviatilis*, in *Arbeiten aus dem Zool.-Zoot. Institut in Würzburg*, 1875, Bd. II, p. 132.

Ces faisceaux ont été signalés chez l'Ecrevisse par Max Braun [1], et selon cet auteur une disposition de même genre aurait été décrite par Kosmann [2] dans les replis du *Conchoderma virgatum* et par Leydig [3], chez les Daphnides et en particulier chez la *Sida crystallina*.

Nous pouvons ajouter que ce fait est général, qu'on le rencontre non seulement chez l'Ecrevisse, mais aussi chez tous les Crustacés Décapodes que nous avons étudiés.

La structure de ces faisceaux ou colonnades est très simple ; ils sont formés uniquement de fibres renfermant un petit noyau se colorant en rouge par le picrocarminate. Nous avons dit que ces faisceaux n'étaient pas autre chose que les prolongements des cellules de l'épithélium chitinogène ; nous n'avons, en effet, jamais aperçu de ligne de séparation entre les fibres de ces faisceaux et les cellules cylindriques. Le rôle de ces faisceaux est de renforcer les deux feuillets repliés des téguments chitineux ; aussi Leydig [4] les a-t-il nommés *colonnes de soutien*.

Il existe encore une disposition particulière pour l'épithélium chitinogène de l'Ecrevisse. On aperçoit, en effet, chez cet animal une couche de protoplasma granuleux E, renfermant de grands noyaux (fig. 23 et 24 E, pl. XXVI). Elle se trouve dans les intervalles des groupes des cellules coniques formant les faisceaux transversaux de renforcement. En suivant la couche d'épithélium chitinogène, on voit qu'elle se continue avec la couche protoplasmique. Cette dernière est donc l'analogue de l'épithélium chitinogène ; seulement le protoplasma n'est pas assez épaissi autour des noyaux pour limiter exactement les cellules.

Tissu conjonctif. — On sait que le tissu conjonctif varie beaucoup chez les animaux inférieurs ; chez l'Ecrevisse il est représenté par de grandes cellules renfermant un noyau volumineux avec des nombreuses granulations fortement réfringentes et un ou plusieurs nucléoles.

A côté des grandes cellules on trouve aussi des fibres ; dans la

---

[1] Max. Braun, *loc. cit.* (*Arbeiten aus dem Zool.-Zoot. Institut in Würzburg*, 1875, Bd. II, p. 133).

[2] Kosmann, *Beiträge zur Anatomie der Schmarotzenden Rankenfüsser*, p. 113, u. tab. V, fig. 21, *Suctoria und Lepadidæ*, p. 183, tab. X, fig. 12 u. 13.

[3] Leydig, *Naturgeschichte der Daphniden*, p. 90.

[4] Leydig, *loc. cit.*

figure 21, pl. XXVI, le tissu conjonctif n'est représenté que par des fibres qui cheminent dans tous les sens et qui se mettent en communication avec les prolongements des cellules de l'épithélium chitinogène. On ne peut pas dire pourtant que cette disposition existe partout ; dans d'autres parties des téguments les grandes cellules forment presque à elles seules le tissu conjonctif. Cela se voit sur les coupes transversales faites en dehors du bord postérieur du céphalothorax.

Dans les replis des téguments et surtout dans les intervalles des faisceaux transversaux dont nous avons parlé, le tissu conjonctif est représenté par les cellules volumineuses K à gros noyaux, représentées dans la figure 26, K, pl. XXVI.

Dans les lacunes du tissu conjonctif, on trouve aussi des glandes et des vaisseaux et, selon Max Braun [1], des nerfs.

§ 2. *Structure des téguments au moment de la mue chez le Homard*
(*Homarus vulgaris*).

Les téguments chitineux du Homard, au moment où il vient de rejeter ses anciennes enveloppes, sont mieux développés que chez l'Ecrevisse. Avant d'en aborder l'étude, nous devons rappeler que les téguments des Macroures, formés par les épimères extrêmement développés dans la région du céphalothorax, se replient sur les côtés et en dessous pour former la paroi supérolatérale [2] de la cavité où sont logées les branchies. Quand on fait une coupe transversale d'un des épimères on trouve la répétition des éléments tégumentaires qui sont disposés en une couche supérieure et une couche inférieure.

C'est la région postérieure du céphalothorax qui est la plus favorable à l'examen, parce que les éléments y sont mieux développés.

Sur une coupe transversale représentée dans la figure 7, pl. XXIV, en procédant de dehors en dedans, nous trouvons, comme pour l'Ecrevisse, les couches suivantes :

1° *La nouvelle çarapace* ;

2° *L'épithélium chitinogène* ;

3° *Le tissu conjonctif*.

---

[1] Max Braun, *loc. cit.*

[2] Note. La portion du céphalothorax des Macroures couvrant les branchies, formée par les épimères extrêmement développés, est désignée par M. Huxley sous le nom de *branchiostégite* et représente morphologiquement les *pleurons* du *somite* supérieur. Voir *Bibliothèque scientifique internationale: l'Ecrevisse*, par Huxley, 1880.

La *nouvelle carapace* en voie de formation se compose, au moment du rejet des anciennes enveloppes, de deux couches :

a. Une couche externe *a* extrèmement mince, c'est la *cuticule*, rappelant, par son aspect et sa composition, la cuticule de l'Ecrevisse ;

b. Une couche interne *b*, beaucoup plus épaisse que la première et formant à elle seule presque toute l'enveloppe chitineuse. Elle est constituée par des lamelles disposées parallèlement à la surface. Les lamelles sont traversées par les canalicules poreux, qui peuvent être mis en évidence sur des coupes fines montées dans la glycérine étendue d'eau. Outre les canalicules poreux on trouve dans cette couche des grands canaux qui la traversent perpendiculairement pour arriver à la base des soies.

Vers la partie interne de cette couche on ne trouve plus les espaces tubuleux correspondant aux interstices intercellulaires de l'épithélium chitinogène qui existaient chez l'Ecrevisse. Il est vraisemblable que ces interstices sont simplement masqués par le cément chitineux qui les remplit.

Cette couche correspond par sa position à la *couche pigmentaire* des téguments chitineux durcis ; et si nous n'avons pu constater dans cette couche une coloration appréciable, cela tient à ce que nous faisions durcir les préparations dans l'alcool qui dissout le pigment : néanmoins, on ne peut douter de sa présence sur les coupes à l'état frais.

D'après ces observations, la nouvelle carapace, au moment de la mue, n'est représentée que par la *cuticule a* et par une couche *externe chitineuse b*, qui correspond par sa position et par sa structure à la couche pigmentaire, qui sera évidente plus tard à des époques éloignées de la mue.

Dans la figure 9, pl. XXIV, vers la partie la plus interne de la couche chitineuse *b* on voit une nouvelle couche *c*, en voie de formation, qui se différencie de la couche supérieure par l'épaisseur des lamelles qui la composent. Cette figure représente la coupe transversale des téguments huit jours après la mue.

Quand on colore la préparation par le picrocarminate, cette dernière couche se colore plus fortement que la couche de chitine *b* qui lui est supérieure, et ce fait est caractéristique des couches de formation récente.

Les canalicules poreux de la couche *c* sont très bien représentés et se mettent en communication avec les canalicules de la couche supérieure.

Epithélium chitinogène. — A la partie inférieure de la nouvelle carapace, on trouve un épithélium chitinogène E. Ce qui frappe d'abord sur une coupe transversale des téguments du Homard, c'est la grandeur gigantesque des cellules qui forment cette assise. Le diamètre longitudinal de ces cellules varie de 120 μ à 130 μ, tandis que le diamètre transversal ne dépasse pas 3 μ. Les cellules de l'épithélium chitinogène sont plus ou moins cylindriques et présentent à leur partie inférieure des prolongements qui se continuent avec les fibres du tissu conjonctif sous-jacent. Le protoplasma des cellules est granuleux et se colore en rose par le picrocarminate ; chaque cellule offre un noyau régulièrement ovalaire avec un ou rarement deux nucléoles se colorant en rouge par le même réactif. Avec un fort grossissement, on aperçoit dans le tiers supérieur de chaque cellule des striations parallèles à la surface, ce qui indique une transformation du protoplasma qui passe à la chitine.

La présence de cet épithélium est constante et sur de bonnes préparations il se présente avec une régularité parfaite. Dans les replis des téguments on voit très bien les faisceaux du tissu conjonctif que nous avons appelés, d'accord avec les auteurs qui nous ont précédé : *faisceaux de renforcement.*

La figure 10, pl. XXIV, représente la coupe transversale de la nageoire caudale ; on y voit la parfaite régularité des cellules cylindriques de l'épithélium chitinogène et les prolongements de ces mêmes cellules formant les faisceaux de renforcement (fig. 10, pl. XXIV, *Kl*). Il nous a été impossible d'apercevoir aucune limite de séparation entre les cellules cylindriques et les faisceaux. Ces faisceaux ne sont autre chose, pour nous, que des prolongements des cellules qui forment l'épithélium chitinogène. Comme le montre la figure 10, pl. XXIV, les téguments de la partie inférieure se présentent avec les mêmes caractères que ceux de la partie supérieure. Le fait est facile à comprendre si l'on se rappelle que les téguments chitineux supérieurs se sont repliés pour former la nageoire.

Sur des coupes transversales des téguments du Homard, il est moins facile de constater la présence d'une membrane basilaire à la partie inférieure de l'épithélium chitinogène ; néanmoins, la distinction entre les cellules de l'épithélium chitinogène et le tissu conjonctif sous-jacent est nettement indiquée, de sorte qu'il n'est pas légitime de les confondre en une seule couche, comme l'ont fait presque tous les auteurs qui nous ont précédé.

Tissu conjonctif. — Le tissu conjonctif se trouve à la partie inférieure de l'épithélium chitinogène ; il est représenté, chez le Homard comme chez l'Ecrevisse, par de grandes cellules arrondies et par des fibres à noyaux régulièrement ovalaires. La grandeur des noyaux, soit des cellules, soit des fibres conjonctives, est, à peu de chose près, la même que celle des noyaux de l'épithélium chitinogène. Les cellules arrondies du tissu conjonctif renferment de nombreuses granulations.

Nous avons voulu nous rendre compte de la nature de ces granulations et, à cet effet, nous avons employé l'acide osmique en solution à 1 pour 100. On constate alors que ces granulations ne sont point de nature graisseuse. En traitant les téguments à l'état frais par le sérum fortement iodé, ou par la teinture alcoolique d'iode, on voit les cellules et les granulations qu'elles renferment se colorer en rouge vineux. Ce caractère indique que nous avons affaire à des granulations glycogéniques.

Pour avoir un terme de comparaison, nous avons essayé préalablement l'action du sérum iodé et de la teinture d'iode sur les plaques renfermées dans les annexes du fœtus de veau, et dont la nature glycogénique a été démontrée, pour la première fois, par Claude Bernard[1] ; elles se coloraient en rouge vineux. Si le sérum iodé était plus concentré, les plaques présentaient une coloration plus foncée. En répétant la même expérience pour les téguments frais du Homard, nous avons observé la même coloration pour les granulations des cellules du tissu conjonctif, qu'on trouve en abondance au moment de la mue.

Cet examen comparatif nous démontre *que les granulations renfermées dans les cellules volumineuses du tissu conjonctif sont de nature glycogénique.*

Le nombre des cellules est très considérable, on pourrait dire que le tissu conjonctif forme une assise nutritive qui mériterait véritablement le nom de *blastoderme*.

La présence du glycogène dans les cellules volumineuses, dont

[1] Claude BERNARD, *Ann. des sciences naturelles,* 1859.

nous venons de préciser la place, nous rappelle un fait d'une très grande importance au point de vue de la physiologie générale ; nous voulons parler de la formation, à certaines époques, de *réserves nutritives* qui sont dispersées dans les formations nouvelles.

En fait, la production du glycogène et son accumulation en très grande quantité coïncident chez les Crustacés avec la formation des nouvelles enveloppes chitineuses.

Cette observation n'est pas particulière au Homard ; on peut la reproduire, au contraire, chez tous les Crustacés pendant la mue, comme nous le verrons en abordant l'étude des Brachyures.

Il n'est pas étonnant que la nature glycogénique des granulations renfermées dans les cellules volumineuses du tissu conjonctif ait échappé aux naturalites qui se sont occupés des téguments des Cruscés, car, comme nous l'avons dit, ce fait coïncide avec la mue.

Claude Bernard[1], cherchant à démontrer la généralité de la fonction glycogénique, est arrivé à trouver chez les Crustacés, à l'époque de la mue, autour du corps de l'animal et au-dessous de la carapace, une couche très nette de matière glycogène. La place de cette couche n'était pas rigoureusement déterminée.

A priori ce dépôt pourrait être attribué aussi bien à l'épithélium chitinogène ou au tissu conjonctif formé de fibres et de grandes cellules. L'observation nous a appris que les granulations glycogéniques ne se trouvent que dans les cellules volumineuses du tissu conjonctif.

Le glycogène du tissu conjonctif sert à la nutrition, pendant la mue, des cellules de l'épithélium chitinogène. Ces cellules prennent, en effet, un développement considérable à cette époque pour constituer les assises chitineuses des téguments, par l'épaississement successif de leur paroi supérieure.

Les autres Décapodes Macroures présentent les mêmes faits que l'Ecrevisse et le Homard.

---

[1] Claude BERNARD, *Leçons sur les phénomènes de la vie communs aux animaux et aux végétaux*, t. II, p. 111, 1879 ; publiées sous la direction de M. Dastre, professeur suppléant de physiologie expérimentale à la Faculté des sciences de Paris.

B. *Structure des téguments chez les Décapodes Brachyures au moment de la mue.*

Nous prendrons comme type de Décapode Brachyure le Carcin menade (*Carcinus mœnas*), que l'on peut se procurer avec une grande facilité au bord de la mer.

Nous indiquerons ensuite les différences peu marquées que présentent les téguments des autres Crustacés du même groupe.

§ 1. *Structure des téguments du Carcinus mœnas au moment de la mue.*

Les *Carcinus mœnas,* selon la couleur de leurs téguments, sont appelés vulgairement par les pêcheurs *Crabes verts* et *Crabes rouges*. Ces deux variétés se trouvent en grand nombre sur les côtes et on peut se les procurer très facilement dans les ports, où ils sont attirés soit par l'odeur des intestins des poissons jetés par les pêcheurs, soit par les restes de l'alimentation des marins. Leur voracité permet de les capturer facilement. Il suffit de lier au bout d'une corde des morceaux d'intestin ou de foie de poissons ; les Crabes viennent s'y accrocher avec force, et l'on peut tirer la corde sans qu'ils abandonnent leur proie. C'est par ce moyen que nous arrivions à nous procurer les Crabes en très grand nombre, pendant notre séjour dans la station zoologique de Roscoff.

Lorsque l'on a sous la main un Crabe vert, et que la carapace, formée uniquement du tergum extrèmement développé, se montre désarticulée d'avec les épimères, on est certain que le Crabe va muer. On peut hâter mécaniquement la désarticulation, et l'on voit alors sous l'ancienne carapace le tégument nouvellement formé. On ne trouve à cette époque, comme nous l'avons vu pour l'Ecrevisse et le Homard, que la *cuticule* et une *couche de chitine sous-jacente* qui représentera plus tard la couche pigmentaire.

On trouve, en procédant de dehors en dedans, les couches suivantes :

1° L'ancienne carapace prête à tomber et formée de quatre couches déjà décrites ;

2° Une couche de matière gélatineuse, interposée entre l'ancienne carapace et la nouvelle en voie de formation. Cette assise joue un grand rôle dans le mécanisme de la mue ;

3° Une couche molle de chitine et qui représente la nouvelle carapace ;

4° Un épithélium chitinogène ;

5° Une couche représentant le tissu conjonctif et renfermant du pigment et des vaisseaux.

Nous ne parlerons que des trois dernières couches, la première nous étant connue par les études antérieures, et la deuxième étant formée d'une matière gélatineuse sans structure.

La figure 32, pl. XXVII, représente la coupe transversale des téguments mous du *Carcinus mœnas* dans la région postérieure du céphalothorax. On y voit la troisième, la quatrième et la cinquième couche, c'est-à-dire : la *nouvelle carapace*, l'*épithélium chitinogène* et le *tissu conjonctif*.

La *nouvelle carapace* à cette époque est formée de deux couches :

a. Une couche externe *a* extrêmement mince, dont l'épaisseur ne dépasse pas 1 μ; elle rappelle par son aspect et par ses caractères la *cuticule* ;

b. La deuxième couche chitineuse *b* est de beaucoup supérieure en épaisseur à la première, et constitue à elle seule presque toute l'enveloppe chitineuse en voie de formation.

On reconnaît très facilement la disposition lamellaire que nous avons trouvée dans les téguments chitineux de l'Ecrevisse, du Homard, etc., et l'on voit en même temps que chaque lamelle est traversée par des stries verticales qui rappellent les canalicules poreux *t*. Les lamelles parallèles ne se continuent pas en ligne droite; elles s'interrompent de distance en distance pour former des cavités coniques. Ce fait est caractéristique pour les téguments chitineux du *Carcinus mœnas* et il devient plus accentué pour le Crabe Tourteau (*Platycarcinus pagurus*).

Si la coupe porte sur une des pattes, dont les téguments chitineux sont mous, comme dans la figure 33, pl. XXVII, on voit dans la deuxième couche *b* des espacees verticaux *s'* correspondant précisément aux espaces intercellulaires de l'épithélium chitinogène; entre ces espaces on trouve un nombre considérable de *lignes parallèles* à la face supérieure des cellules qu'elles surmontent : ce sont des lignes d'accroissement constituant les prismes *pr*.

C'est là une observation générale.

Nous insistons sur ce fait parce qu'il nous permet de comprendre le processus de formation des couches de chitine.

Sur des coupes parallèles à la surface du céphalothorax et surtout des pattes, on voit des dessins polygonaux qui rappellent les contours des cellules polyédriques de l'épithélium chitinogène. Sur des coupes un peu obliques des mêmes téguments, on voit que les espaces verticaux en forme de tubes, qui traversent perpendiculairement les couches de chitine, correspondent par leur extrémité supérieure aux contours des dessins polygonaux et par l'extrémité inférieure aux espaces intercellulaires.

Il résulte de là que les téguments chitineux des Crabes sont formés d'un nombre considérable de prismes surmontant les cellules de l'épithélium chitinogène. Les lamelles parallèles qui constituent, par leur superposition, ces prismes contigus proviennent de l'épaississement successif de la paroi supérieure des cellules épithéliales. Ceci démontre de la manière la plus claire l'origine cellulaire du tégument. Le fait peut être mis en évidence par l'emploi du réactif dont on se sert en histologie précisément pour démontrer les ciments cellulaires : je veux parler du nitrate d'argent. L'emploi de ce réactif en solution à 1 pour 100 fait apercevoir des dessins polygonaux très nets, parallèles à la surface des téguments.

On constate la même disposition dans l'épaisseur des téguments chitineux de tous les Crustacés.

En résumé, les téguments chitineux du *Carcinus mœnas* sont formés à cette époque de deux couches : une couche externe *a* : la *cuticule*, et une couche interne *b*, qui représentera plus tard la *couche pigmentaire*.

L'*épithélium chitinogène* E se montre à la partie interne des couches qui forment le tégument chitineux. Il est formé de cellules plus ou moins cylindriques avec un noyau régulièrement ovalaire, renfermant un nucléole. Les cellules se terminent à la partie inférieure par des prolongements dirigés dans tous les sens, les uns formant une *membrane basilaire* et les autres se confondant avec les fibres du tissu conjonctif qui se trouve plus bas.

On constate très facilement chez les Crabes la présence de la membrane basilaire dans les pattes. La figure 33, pl. XXVII, nous révèle un fait particulier : à la partie inférieure des cellules de l'épithélium chitinogène se trouve la membrane basilaire *mb*, à laquelle aboutissent les fibres striées des faisceaux musculaires ; on voit à la partie supérieure de chaque faisceau, deux cellules cylindriques, qui se colorent fortement par le picrocarminate ; le contenu de ces cellules est granuleux.

Vers la partie supérieure des cellules, on aperçoit des stries parallèles à l'axe longitudinal. On rencontre la même disposition pour les cellules de l'épithélium chitinogène de la nouvelle carapace, dans les endroits où les faisceaux musculaires s'insèrent directement aux téguments.

De chaque côté de l'estomac il existe deux colonnes musculaires qui viennent s'insérer par leur extrémité supérieure à la carapace. Dans ces endroits, on trouve l'épithélium chitinogène interposé entre les téguments chitineux et les muscles ; ainsi la présence de l'épithélium chitinogène sous les téguments est un fait constant et général. Nous avons constaté ce fait pour les pattes et pour la carapace, et nous verrons qu'on le retrouve aussi pour les lames chitineuses des pattes qui ont été prises à tour de rôle soit pour des tendons, soit pour des cartilages. Ces tissus ne sont que des replis du tégument et présentent par conséquent la même structure.

Tissu conjonctif. — Le tissu conjonctif du Crabe commun (*Carcinus mœnas*) ne diffère en rien de celui du Homard. Il présente des fibres avec des noyaux ovalaires, de grandes cellules arrondies *gl* à noyau ovalaire et à granulations nombreuses, dont la nature glycogénique se démontre facilement soit par le sérum fortement iodé, soit par la teinture alcoolique d'iode. Vers la partie la plus interne, le tissu conjonctif se termine par une membrane composée de fibres qui se confondent avec les autres tissus de l'organisme. Il résulte des descriptions des auteurs que cette membrane fibreuse a été prise pour une membrane séreuse : elle n'est qu'une portion du tissu conionctif.

§ 2. *Structure des téguments du Crabe Tourteau (Platycarinus pagarus) au moment de la mue.*

Les procédés qu'on emploie pour avoir en grand nombre les *Carcinus mœnas* sont absolument insuffisants pour les Crabes Tourteaux, parce qu'ils restent cachés dans le sable sous de grandes pierres. C'est dans des endroits sableux, couverts ou non, que l'on doit chercher ceux-ci. On choisit de préférence les herbiers laissés à découvert à chaque marée basse, et sous les pierres on est presque certain de rencontrer des Crabes Tourteaux plus ou moins grands. Le caractère que nous avons indiqué pour les *Carcinus mœnas*, à savoir : la désarticulation du tergum d'avec les épimères, qui nous permet de reconnaître que l'animal se dégagera dans peu de temps de sa carapace, est exact aussi pour les Crabes Tourteaux.

Lorsque l'on examine les téguments du *Crabe Tourteau* au moment de la mue, on voit qu'ils sont composés du même nombre de couches que ceux du *Carcinus mœnas*. La figure 28, pl. XXVII, représente la coupe transversale, au moment de la mue, de la partie postérieure des téguments qui forment le céphalothorax.

Pour les téguments chitineux, on ne trouve que deux couches :

a. Une couche externe *a*, rappelant par son aspect et sa composition la *cuticule ;*

b. Une couche interne chitineuse *b* beaucoup plus épaisse et constituant à elle seule presque toute l'enveloppe dure ; elle représente morphologiquement, par sa structure et par son contenu, la *couche pigmentaire* que nous avons trouvée dans les téguments calcifiés ou non à des époques éloignées de celle de la mue ; comme la couche pigmentaire, elle comprend un grand nombre de lamelles parallèles, traversées perpendiculairement par des canalicules poreux *t*.

La présence du pigment dans la couche sous-jacente à la cuticule est moins évidente qu'à d'autres époques ; néanmoins, dans la moitié supérieure, on constate une coloration plus ou moins caractéristique, due précisément au pigment diffus.

On trouve dans cette couche des cavités plus ou moins coniques ou ovoïdes formées par le soulèvement des lamelles de la moitié supérieure, et par l'interruption de celles de la moitié inférieure. La présence de ces cavités dans cette couche est un fait constant et caractérise le tégument chitineux du Crabe Tourteau.

Nous avons dit que ces cavités étaient remplies, à des époques éloignées de celle de la mue, par les lamelles soulevées de la troisième couche sous-jacente ; or, comme cette couche n'est pas encore formée au moment de la mue, nous voyons les cavités occupées par l'épithélium chitinogène dont les cellules prennent des proportions gigantesques, comme on peut le voir dans la figure 28, pl. XXVII.

Si l'on étudie les téguments chitineux du Crabe Tourteau quelque temps après la mue, on voit à la partie la plus interne un commencement de formation de la troisième couche, comme l'indique la figure 5, *c*, pl. XXIII ; la séparation entre les trois couches est si bien indiquée, que l'on ne peut se tromper sur leur présence et leur nature. Sur des coupes parallèles à la surface des téguments, on trouve les mêmes dessins polygonaux que chez le *Carcinus mœnas*, rappelant l'origine cellulaire des téguments.

Epithélium chitinogène. — Les cellules qui forment l'épithélium chitinogène du Crabe Tourteau ne diffèrent en rien des cellules formant le même épithélium chez le *Carcinus mœnas*.

Tissu conjonctif. — A la partie inférieure de l'épithélium chitinogène, on trouve une couche formée presque uniquement de cellules arrondies renfermant un noyau ovalaire et un nombre considérable de granulations qui se colorent en rouge vineux soit par le sérum iodé, soit par la teinture alcoolique d'iode. Il arrive assez souvent que les granulations prennent une coloration plus foncée, due à l'état de concentration plus ou moins grande de la teinture d'iode. Ces caractères nous indiquent que les granulations renfermées dans les cellules du tissu conjonctif sont de nature glycogénique. C'est la présence en grand nombre des cellules et des granulations de glycogène dans le tissu conjonctif du Crabe Tourteau, qui nous a amené à les chercher aussi chez les autres Crustacés.

Le tissu conjonctif renferme, outre les cellules dont nous venons de parler, des faisceaux de fibres localisés à la partie inférieure de l'épithélium chitinogène ou traversant l'assise cellulaire et la divisant même quelquefois en plusieurs couches secondaires.

Vers la partie supérieure du tissu conjonctif, on trouve le pigment disposé en granulations ou en traînées. La zone qu'il forme à la partie supérieure du tissu conjonctif est si nettement indiquée, qu'on pourrait l'appeler *zone pigmentaire*. Ce fait est très prononcé chez le Crabe Tourteau, et nous le rencontrerons aussi chez le *Portunus puber* et chez le *Maïa Squinado*.

§ 3. *Structure des téguments du Maïa Squinado au moment de la mue.*

Les *Maïa Squinado* sont connus par les pêcheurs sous le nom d'*Araignées de mer*, et ils interviennent dans l'alimentation des populations pauvres qui habitent les côtes. Les Maïa sont des animaux de bas-fonds et, pour les avoir, il faut s'adresser aux marins qui en font la pêche. Néanmoins, à l'époque de la mue, qui a lieu vers le commencement du mois d'août, on peut se les procurer plus facilement et en grand nombre, car ils s'approchent de la côte pour fuir les animaux qui peuvent leur être dangereux à ce moment où leurs téguments ne sont pas encore durcis. Nous avons pu nous en procurer, avec une très grande facilité, dans la baie de Pempoul, près de Saint-Pol de Léon, où ils sont en très grand nombre à chaque marée basse, soit dans les herbiers, soit dans les petites flaques d'eau.

Les téguments des *Maïa Squinado* ont la même composition, au moment de la mue, que ceux des *Carcinus mœnas* et des *Platycarcinus pagurus*. La différence entre les téguments des Maïa et ceux des Crabes communs et des Crabes Tourteaux est peu marquée. La couche chitineuse b', qui se trouve à la partie inférieure de la cuticule a' (fig. 35, pl. XXVIII), ne présente pas les cavités coniques que nous avons trouvées chez les Crabes et qui étaient marquées soit par le soulèvement, soit par l'interruption des lamelles parallèles.

Dans les endroits correspondant aux piquants, toutes les couches sont soulevées et s'amincissent de plus en plus.

Ce qui caractérise les téguments des Maïa, c'est la régularité de l'épithélium chitinogène composé de cellules parfaitement cylindriques, comme on peut le voir dans les figures 34 E, et 35, E', pl. XXVIII. Ce fait est si net que, pour avoir une bonne idée de la présence et de la forme des cellules qui constituent l'épithélium chitinogène, il faut commencer précisément par l'étude de cet animal.

Nous verrons, lorsque nous étudierons la structure du tube digestif, que la même régularité s'y rencontre.

La figure 34 représente la moitié supérieure d'une coupe transversale des téguments d'un Maïa, au moment où il venait de quitter ses anciennes enveloppes. Comme chez tous les autres Crustacés, on trouve une couche de matière gélatineuse, interposée entre l'ancienne et la nouvelle carapace.

Dans la figure 34, pl. XXVIII, les téguments chitineux ne sont pas encore constitués à la partie supérieure de l'épithélium chitinogène, tandis que dans la figure 35, pl. XXXIII, qui représente la moitié inférieure de la même coupe, on trouve les deux couches de chitine représentées par la cuticule a' et par une autre couche chitineuse b', beaucoup plus épaisse. La répétition de l'épithélium chitinogène E dans les figures 34 et 35, qui représentent la même coupe, nous montre que les téguments de la partie supérieure se sont repliés en dessous. Nous savons que pour les Maïa la carapace est formée par le développement considérable du tergum qui s'étend même sur les côtés pour recouvrir les branchies, tandis que les épimères sont presque rudimentaires.

Nous n'avons rien de nouveau à ajouter sur le tissu conjonctif, formé en grande partie des fibres et renfermant aussi des cellules volumineuses à granulations glycogéniques ; néanmoins, il est indispensable d'indiquer la présence de la *zone pigmentaire* P, qui se trouve à la partie supérieure du tissu conjonctif, comme le représente la figure 34, *P*, pl. XXVIII. Nous avons rencontré une disposition pareille chez les Crabes Tourteaux (fig. 28, *P*, pl. XXVII).

§ 4. *Structure des téguments chez le Portunus puber quelque temps après la mue.*

Il était intéressant de suivre le développement de l'enveloppe après la mue, pour compléter le cycle de nos recherches sur la structure et la formation des téguments chitineux.

Nous avons choisi pour cette étude le *Portunus puber* dont la carapace se durcit moins vite que celle des Crabes. La figure 4, pl. XXIII, représente la coupe transversale des téguments pris sur les côtés et comprenant la partie supérieure et la partie inférieure de l'abdomen (pleurons et épimères des somites de l'abdomen, d'après M. Huxley).

Comme le montre la figure 4, pl. XXIII, les téguments chitineux du *Portunus puber* sont formés à la partie supérieure par trois couches qui se superposent.

La couche la plus externe a rappelle par son aspect et sa composition la *cuticule*, la deuxième couche b correspond à la *couche pigmentaire,* et à la partie inférieure de celle-ci on trouve une *troisième couche* c, en voie de formation et dont la limite de séparation d'avec la deuxième couche est très bien indiquée. La troisième couche correspond au *chorion calcifié* de Williamson [1].

Dans la deuxième couche, on voit les espaces verticaux *v*, sous forme de tubes qui correspondent aux interstices cellulaires de l'épithélium chitinogène.

Comme le montre la figure 4, pl. XXIII, *v*, ces espaces ne se continuent pas dans la troisième couche, et ce fait est dû probablement à ce que les lamelles parallèles de cette couche sont reliées entre elles par le ciment chitineux. Lorsque l'on fait des coupes parallèles à la surface, on voit que ces espaces verticaux correspondent précisément aux contours des dessins polygonaux et rappellent l'origine cellulaire des téguments de la deuxième couche.

L'épithélium chitinogène et le tissu conjonctif se présentent avec les mêmes caractères que chez les Crabes : néanmoins, il y a un fait intéressant qui concerne les cellules de cet épithélium : le diamètre longitudinal des cellules perd beaucoup de sa grandeur et cette diminution, est en rapport avec l'accroissement en épaisseur des couches chitineuses, qui se forment, au détriment des cellules de l'épithélium chitinogène, par l'épaississement successif de leur paroi supérieure.

Ce fait est constant pour les Crustacés qui ont fait l'objet de nos recherches : il se montre avec la plus grande évidence chez le Homard, dont les cellules de l'épithélium chitinogène atteignent une longueur gigantesque pendant la mue, pour diminuer plus tard, après la formation des enveloppes chitineuses.

Nous devons maintenant nous demander quelle est la conclusion que l'on peut tirer de cette étude? Peut-on établir un rapprochement entre les téguments des Crustacés et la peau des animaux supérieurs; en d'autres termes, peut-on trouver quelque chose d'analogue à l'épiderme et au derme?

Ce qui nous frappe d'abord dans l'étude de la structure des téguments des Crustacés avant et pendant la mue, c'est *la présence constante d'un épithélium chitinogène formé de grandes cellules plus ou*

---

[1] WILLIAMSON, *On some Histological Features in the Shells of the Crustacea,* in *Quart. Journ. Microsc. Sc.,* vol. VIII, p. 44, pl. III, 1860

moins cylindriques ; les limites de séparation entre cet épithélium et le tissu conjonctif sous-jacent sont si bien indiquées, que l'on ne doit pas les confondre, comme l'ont fait presque tous les auteurs.

Au point de vue de la morphologie générale, il faut rattacher l'épithélium chitinogène aux couches formées de chitine et faire de tout un *épiderme.*

Ce rapprochement très naturel est confirmé par l'étude des téguments au moment de la mue.

Nous avons vu ensuite que le tissu sous-jacent à l'épithélium chitinogène, est formé de cellules et de fibres du tissu conjonctif, qu'il renferme des vaisseaux et du pigment. On peut reconnaître l'existence des nerfs, comme nous l'avons dit et comme Max Braun l'indique aussi pour l'Ecrevisse. Il en résulte *que ce tissu peut être comparé au derme.*

La séparation nettement indiquée entre le tissu conjonctif et l'épithélium chitinogène confirme encore la comparaison que nous faisons entre ce tissu et le derme.

Enfin, cette comparaison entre les téguments des Crustacés et la peau des animaux supérieurs est légitimée par l'embryologie.

M. Huxley [1], en faisant l'embryologie de l'Ecrevisse, arrive à distinguer, à un certain moment du développement de l'œuf de cet animal, trois feuillets : l'*épiblaste* ou feuillet externe, le *mésoblaste* ou feuillet moyen et l'*hypoblaste* ou feuillet interne. Pour l'auteur, l'*épiblaste* (qui répond à l'ectoderme de l'adulte) donnera naissance aux épitheliums de l'intestin antérieur (œsophage et estomac) et postérieur, à l'*épiderme* et au système nerveux central ; le mésoblaste formera le tissu connectif, les vaisseaux, les muscles et les organes de la reproduction, qui sont situés entre l'*ectoderme* et l'*endoderme ;* et enfin l'*hypoblaste* donnera naissance au revêtement épithélial de l'intestin moyen (archentère).

M. Plateau [2] est conduit aux mêmes conclusions embryologiques et il indique plus explicitement la formation des téguments dérivant de l'épiblaste.

« Si l'on fait des coupes des œufs durcis des Crustacés, dit-il, on reconnaît l'existence de trois feuillets embryonnaires : un externe, l'*ectoderme,* formé en général de cellules allongées, serrées en pa-

---

[1] Huxley, *Bibliothèque scientifique internationale,* trad. franç., 1880 : *l'Ecrevisse.*
[2] Plateau, *Bibliothèque belge : Zoologie,* 1880, p. 322.

lissade, un feuillet moyen ou *mésoderme*, et un feuillet interne ou *endoderme*.

« L'ectoderme produit la *couche chitinogène* destinée à sécréter ultérieurement le squelette chitineux ; en se reployant vers l'intérieur de l'embryon, c'est-à-dire en s'invaginant, il donne lieu à la bouche, au revêtement interne de l'intestin antérieur et postérieur.

« Du mésoderme proviennent les muscles, les vaisseaux et les globules sanguins, et enfin, de l'endoderme proviennent les parties sécrétoires de l'intestin moyen et certaines glandes annexes (telle que la glande digestive ou le foie). »

M. F.-M. Balfour[1], dans son traité d'embryologie comparée, résumant d'une façon magistrale les travaux de Reichenbach sur le développement de l'Ecrevisse (*Astacus*) et ceux de Bobretzky sur le même animal et sur le *Palæmon*, arrive aux mêmes conclusions que les auteurs précités, concernant les feuillets de l'embryon du Crustacé Décapode et les organes qui en dérivent.

Ces quelques mots sur le développement des Crustacés Décapodes nous rappellent l'origine de l'épiderme et du derme de ces animaux.

Les données de l'embryologie comparée sur le développement des animaux supérieurs nous amènent aux mêmes conclusions, en ce qui concerne l'origine du derme et de l'épiderme.

Il suit de là que le rapprochement que nous faisons entre les téguments des Crustacés Décapodes et la peau des animaux supérieurs est justifié soit par l'embryologie, soit par l'étude du développement pendant la mue.

Conclusion. — De ce qui précède, il résulte que les téguments des Crustacés Décapodes peuvent être divisés en un *épiderme* et un *derme* comparables à l'*épiderme* et au *derme* des animaux supérieurs.

L'épithélium chitinogène formé de cellules plus ou moins cylindriques et les différentes couches de chitine, calcifiées ou non, qui se trouvent à sa partie supérieure, sont l'homologue de l'épiderme : les couches de chitine représentent la couche cornée, et l'épithélium chitinogène la couche de Malpighi.

Le tissu conjonctif sous-jacent avec le pigment, les vaisseaux et les nerfs qu'il renferme, est l'homologue du derme des animaux supérieurs.

---

[1] F.-M. BALFOUR, *Comparative Embryology*, p. 425 et suiv., vol. I, 1880.

C. *Structure du tube digestif des Crustacés Décapodes au moment de la mue.*

Nous nous occuperons ici de l'état, des formations chitineuses qui, au moment de la mue, tapissent intérieurement le tube digestif, et sont rejetées, comme les téguments extérieurs. Nous prendrons pour base de notre description le tube digestif du *Maïa Squinado*, et nous indiquerons les différences peu marquées que nous offrent les autres Crustacés. La régularité des éléments anatomiques constitutifs et la facilité que l'animal offre pour l'observation des faits recommandent spécialement le *Maïa* pour une étude de ce genre.

Au moment où a lieu le rejet des téguments externes, en même temps le tube digestif se débarrasse de la couche de chitine qui le tapissait intérieurement. Nous nous occuperons plus loin du mécanisme par lequel se fait le rejet de cette couche chitineuse du tube digestif. Pour le moment nous n'avons en vue que la structure de l'enveloppe en voie de formation et de la couche épithéliale qui lui donne naissance.

On sait que le tube digestif des Crustacés se compose de trois parties :

1° Une partie antérieure courte, qui suit immédiatement la bouche : c'est l'*œsophage ;*

2° Une partie moyenne renflée, l'*estomac ;*

3° Une partie postérieure rétrécie, l'intestin, se terminant par une portion plus ou moins dilatée, le rectum.

§ 1. *L'œsophage.* — L'œsophage présente à sa face interne trois replis extrèmement développés.

La coupe transversale d'un de ces replis montre que la paroi se compose de dedans en dehors :

1° D'une *couche de chitine ;* 2° d'un *épithelium chitinogène ;* 3° du *tissu conjonctif*, et 4° des *muscles.*

Lorsque l'on parle du tube digestif des Crustacés, on dit habituellement qu'il est recouvert intérieurement d'une *cuticule*, décrite comme une membrane unique.

Un examen attentif amène pourtant à reconnaître l'existence de deux couches bien distinctes par leur aspect et leur structure :

a. Une couche externe *a* (fig. 37, pl. XXVIII), extrêmement mince, d'une couleur plus ou moins jaunâtre, rappelant, par son aspect et sa composition, la *cuticule*, que nous avons trouvée dans les téguments externes de l'animal ;

b. Une couche interne *b* beaucoup plus épaisse que la cuticule et qui forme à elle seule presque toute l'épaisseur de l'enveloppe chitineuse de l'œsophage ; elle est composée d'un nombre plus ou moins grand de lamelles parallèles. Sur des préparations montées dans la glycérine étendue d'eau, on aperçoit facilement la présence des canalicules poreux ; on ne les trouve que lorsque la couche de chitine atteint une épaisseur plus ou moins grande.

Immédiatement sous la couche de chitine on trouve un *épithélium chitinogène* formé de cellules parfaitement cylindriques (fig. 37, E, pl. XXVIII). Les cellules de cet épithélium présentent des proportions énormes, leur diamètre longitudinal dépasse 95 μ, tandis que le diamètre transversal n'est que de 2 à 3 μ. Le protoplasma des cellules est granuleux et se colore en rose par le picrocarminate d'ammoniaque. Dans le tiers inférieur des cellules cylindriques on trouve un noyau ovalaire renfermant des granulations fortement réfringentes et un ou plusieurs nucléoles se colorant en rouge par le même réactif.

A la partie inférieure de ces cellules on voit une membrane composée de fibres, c'est la *membrane basilaire mb* des auteurs ; elle est très bien représentée et établit nettement la séparation entre l'épithélium chitinogène et le tissu conjonctif sous-jacent, avec lequel on ne peut la confondre.

Nous devons remarquer que les cellules de l'épithélium chitinogène de l'œsophage et du tube digestif tout entier ne donnent pas naissance, par leur extrémité inférieure, à des prolongements, comme les cellules des téguments externes. Ce fait est trop général chez les Crustacés Décapodes pour que nous le laissions dans l'oubli.

Lorsque les cellules de l'épithélium chitinogène sont un peu plus colorées, ce qui arrive dans les replis où la couche de chitine est moins épaisse, on remarque la régularité parfaite des cellules cylindriques dont le diamètre longitudinal ne dépasse pas 70 μ ; à la partie inférieure de ces cellules parfaitement cylindriques on trouve la membrane basilaire.

Tissu conjonctif. — Nous avons dit qu'à la partie externe des cellules cylindriques qui forment l'épithélium chitinogène de l'œsophage on trouve le tissu conjonctif. Chez les *Maïa Squinado*, ce tissu est formé presque uniquement de cellules arrondies (fig. 37, K, pl. XXVIII) renfermant un noyau ovalaire plus petit que celui des cellules cylindriques de l'épithélium chitinogène.

On trouve dans l'épaisseur du tissu conjonctif de nombreuses glandes G, dont le conduit excréteur z traverse la couche de chitine. Nous reviendrons plus tard sur la structure de ces glandes.

Le tissu conjonctif est traversé perpendiculairement, de distance en distance, par des fibres musculaires striées *fs* qui viennent s'insérer sur la membrane basilaire de l'épithélium chitinogène. Sur des coupes fines, examinées à de forts grossissements, on remarque dans chaque fibrille musculaire l'existence de disques obscurs et de disques clairs ; les disques clairs sont divisés par le disque mince obscur qui se colore fortement par le picrocarminate. Nous ne sommes pas arrivé à voir au milieu du disque obscur la bande de Hensen, que l'on trouve dans les fibres striées des autres animaux. Dans les endroits où les fibres musculaires striées viennent s'insérer à la membrane basilaire des cellules chitinogènes, on voit les cellules s'allonger plus que dans les autres parties. La figure 37, pl. XXVIII, représente la coupe transversale d'un repli de l'œsophage du *Maïa Squinado* au moment de la mue, à savoir : la couche externe ou la *cuticule* a ; la couche interne *b*, formée de chitine ; puis l'épithélium chitinogène *E*, et ensuite le tissu conjonctif *K*, renfermant les glandes *G* et les fibres musculaires striées *fs*.

L'aspect sous lequel se présentent les replis de l'œsophage du *Maïa Squinado* est le même que chez les autres Crustacés. La figure 29, pl. XXVII, représente la coupe transversale d'un repli de l'œsophage du Tourteau (*Platycarcinus pagurus*); on y distingue les mêmes couches : une couche externe *a*, la cuticule ; une couche interne *b*, compoée de lamelles chitineuses ; puis l'épithélium chitinogène *E*, et le tissu conjonctif *K* avec les glandes *G* et les fibres musculaires striées *fs*, qui s'insèrent à la membrane basilaire *mb*. Dans la partie inférieure de la même figure on voit des faisceaux de muscles striés *fm*, représentant les fibres annulaires de l'œsophage.

On remarque les mêmes faits chez le Homard et la Langouste, avec cette seule différence que les glandes renfermées dans le tissu conjonctif sont plus nombreuses ; de plus, le tissu conjonctif est formé non seulement de cellules arrondies, comme chez le *Maïa*, mais aussi de fibres. La figure 13, pl. XXV, représente la coupe transversale de la paroi de l'œsophage du Homard pendant la mue, et la figure 14, pl. XXV, représente la coupe transversale de la paroi de l'œsophage de la Langouste quelque temps après la mue. Ces deux figures n'offrent pas de différences sensibles.

La figure 22, pl. XXVI, représente une coupe transversale de la paroi de l'œsophage de l'Ecrevisse (*Astacus fluviatilis*) dans la période préparatoire de la mue, lorsque l'ancienne couche chitineuse n'est pas encore rejetée. On remarque que le tégument chitineux est séparé dans son tiers inférieur en deux autres assises : vers la partie supérieure, on trouve l'ancienne enveloppe, qui doit être rejetée pendant la mue, et qui est représentée par la *cuticule a* et par une couche de chitine *b* plus épaisse. A la partie supérieure des cellules de l'épithélium chitinogène on trouve la nouvelle couche *c*, en voie de formation, constituée par la superposition des lamelles parallèles.

Entre ces deux couches on trouve une petite assise renfermant des corpuscules et des prolongements réfringents colorés en rose par le picrocarminate. En suivant la même préparation on voit les deux couches constitutives s'écarter ; les petits prolongements prennent alors une direction oblique ou même perpendiculaire entre les deux couches. Ces corpuscules et prolongements sont de nature chitineuse; ils ne disparaissent pas quand on les traite, soit par la potasse, soit par l'acide chlorhydrique. Ils ont été considérés par M. Max Braun[1] comme étant de petits poils cuticulaires ayant pour rôle d'écarter l'ancienne enveloppe de la nouvelle. Cependant il n'y a pas de réelle ressemblance entre ces corpuscules et les poils cuticulaires véritables.

L'épithélium chitinogène est représenté par des cellules gigantesques renfermant de très grands noyaux ovalaires avec des granulations réfringentes et un ou plusieurs nucléoles.

Le tissu conjonctif de l'œsophage de l'Ecrevisse ressemble beaucoup à celui du *Maïa Squinado*.

§ 2. *L'estomac.*—Les parois de l'estomac se composent des mêmes couches que celles de l'œsophage : 1° l'*enveloppe chitineuse;* 2° l'*épi-*

---

[1] Max Braun, *Ueber die Histologischen Vorgænge bei der Hautung von Astacus fluviatilis*, in *Arbeiten aus dem Zool.-Zool. Institut in Würzburg*, 1875, Bd. II, p. 155.

thélium chitinogène; 3° le *tissu conjonctif*, dans l'épaisseur duquel on trouve des fibres musculaires longitudinales et circulaires, et 4° une *membrane fibreuse.*

L'enveloppe chitineuse est composée intérieurement de la *cuticule,* qui rappelle par sa structure et son aspect la cuticule de l'œsophage dont elle est la continuation et, extérieurement, d'une couche beaucoup plus épaisse, constituée de plusieurs lamelles parallèles de chitine qui se superposent les unes aux autres.

La couche chitineuse qui tapisse intérieurement l'estomac des Crustacés ne reste pas simple, elle s'épaissit par places, se durcit par infiltration de matières calcaires et forme une armature stomacale qui a été très bien étudiée par M. Milne-Edwards[1] et Œsterlein[2]. Les pièces de l'armature stomacale présentent la même structure que les téguments externes.

La figure 39, pl. XXVIII, représente une coupe transversale de la paroi membraneuse de l'estomac du *Maïa Squinado* au moment de la mue. On y voit l'enveloppe formée intérieurement par la *cuticule a,* et, extérieurement, par la couche lamellaire chitineuse *b.* A la face interne, on voit assez souvent des *soies* formées comme celles des téguments externes par le prolongement de la cuticule *a;* le canal central *c. s* communique avec le conduit qui traverse la couche lamellaire sous-jacente. On ne voit de canalicules poreux que dans les endroits où la couche de chitine acquiert plus d'épaisseur, comme, par exemple, dans les pièces dures de l'armature stomacale.

Après l'enveloppe chitineuse, on trouve extérieurement un *épithélium chitinogène E,* à cellules parfaitement cylindriques. Ces cellules, qui forment l'épithélium chitinogène de l'estomac du *Maïa,* se présentent avec une régularité telle, que l'on croit se trouver en présence d'un dessin schématique.

Le protoplasma de ces cellules cylindriques est granuleux et se colore en rose par le picrocarminate, surtout dans la moitié supérieure, tandis que la moitié inférieure est à peine colorée.

[1] Milne-Edwards, *Histoire naturelle des Crustacés,* 1854, t. Ier, p. 67 et suiv., pl. IV, fig. 1, 6, 7, 8, 9 et 10; *Leçons sur la physiologie et l'anatomie de l'homme et des animaux,* 1859, t. V, p. 554 et suiv.

[2] Œsterlein, *Ueber den Magen des Flusskrebses,* in *Müller's Archiv. für. Anat. und Physiol.,* 1840, p. 390, pl. XII.

Dans le milieu de chaque cellule, on trouve un noyau régulièrement ovalaire renfermant des granulations fortement réfringentes et un ou plusieurs nucléoles. A la partie inférieure des cellules de l'épithélium chitinogène, on trouve la membrane basilaire *m b*, très bien caractérisée et qui indique la séparation entre l'épithélium et le tissu conjonctif sous-jacent.

Tissu conjonctif. — Le tissu conjonctif est formé presque uniquement de fibres (fig. 39, pl. XXVIII) renfermant des noyaux avec un ou plusieurs nucléoles. Son épaisseur varie selon les endroits; dans les points où elle est considérable, on trouve des fibres musculaires longitudinales.

Vers la partie la plus externe du tissu conjonctif, on trouve une membrane formée de fibres, c'est la séreuse des auteurs. Elle se compose de fibres réunies et tassées, présentant les caractères du tissu conjonctif.

L'estomac du *Carcinus mœnas* (fig. 31, pl. XXVII) ou du Crabe Tourteau (*Platycarcinus pagurus*) présente les mêmes couches, avec cette seule différence que les cellules de l'épithélium chitinogène n'ont pas la régularité extrême que nous avons observée chez les Maïa.

Chez tous les Décapodes Brachyures on trouve une membrane basilaire à la partie inférieure de l'épithélium chitinogène dans toute l'étendue du tube digestif. La présence de cette membrane est plus facile à reconnaître au niveau de l'estomac que partout ailleurs.

La figure 11, pl. XXIV, représente la coupe transversale de la paroi membraneuse de l'estomac du Homard au moment de la mue. On y voit une *cuticule a*, une couche de *chitine b*, beaucoup plus épaisse et formant à elle seule presque toute l'épaisseur du tégument chitineux de l'estomac, un *épithélium chitinogène E* et le *tissu conjonctif K*. Les cellules de l'épithélium chitinogène de l'estomac du Homard offrent les mêmes caractères que dans les téguments externes. Elles donnent naissance, vers la partie inférieure, à des prolongements qui se dirigent dans tous les sens, soit pour constituer une membrane basilaire, moins caractéristique que celle des Brachyures, soit pour se mettre en communication avec les fibres du tissu conjonctif.

§ 3. *L'intestin.* — L'intestin du *Maïa Squinado* présente, comme chez tous les autres Crustacés, une portion renflée, le *rectum*. C'est sur cette portion terminale qu'ont porté plus spécialement nos recherches, en raison de l'épaisseur de la couche de chitine qu'elle présente. Comme le reste de l'intestin, le rectum présente à sa partie interne des plis longitudinaux très développés. La figure 36, pl. XXVIII, représente la coupe transversale de la paroi de l'intestin terminal du *Maïa Squinado* avec la *couche de chitine*, *l'épithélium chitinogène* et une partie seulement du *tissu conjonctif*.

En procédant de dedans en dehors, nous rencontrons l'*enveloppe chitineuse* formée de deux couches distinctes :

a. Une couche interne, extrèmement mince, de couleur jaunâtre et qui représente la *cuticule a ;*

b. Une couche externe chitineuse *b* beaucoup plus épaisse que la première. Dans toute l'épaisseur de cette couche et perpendiculairement à sa surface on trouve des espaces verticaux tubulés *s'* : ils correspondent aux interstices cellulaires de l'épithélium chitinogène. Lorsqu'on baisse davantage le tube du microscope, ces espaces se présentent sous l'aspect de lignes noires : ces stries ne sont autre chose que les intervalles des prismes qui forment cette dernière couche chitineuse.

La présence de ces lignes verticales est un fait constant dans toute la longueur de l'intestin terminal et peut être mise en évidence sur des coupes fines montées soit dans le baume, soit dans la glycérine étendue d'eau.

Les prismes chitineux *pr* sont formés par la superposition d'un grand nombre de lamelles parallèles soit à la surface de la couche de chitine, soit à la paroi supérieure des cellules cylindriques chitinogènes. Ce sont autant de couches d'accroissement.

Ces faits sont très caractéristiques pour l'intelligence de la formation des téguments chitineux. C'est après que nous nous sommes assurés de cette disposition dans l'intestin du *Maïa Squinado,* que nous avons été amené à les chercher aussi dans les téguments externes. Nos prévisions ont été confirmées, ainsi qu'il a été dit précédemment, chez l'Ecrevisse, le *Carcinus mœnas*, le *Platycarcinus pagürus*, le *Portunus puber*, etc., auxquels on peut ajouter les *Xantho* et les *Galathea squammifera* (Leach).

Epithélium chitinogène. — Immédiatement après la couche de chitine que nous venons d'étudier, on trouve une couche de cellules parfaitement cylindriques dont le diamètre longitudinal atteint 30 μ, et qui forme l'épithélium chitinogène. Le protoplasma est granuleux et les granulations sont beaucoup plus nombreuses dans la moitié supérieure des cellules où elles se colorent en rouge par le picrocarminate comme les noyaux, tandis que dans la moitié inférieure elles se colorent en rose pâle par le même réactif. Ce fait nous indique une transformation spéciale du protaplasma de la zone supérieure, et peut-être le commencement de formation de la matière chitineuse.

Vers le milieu des cellules cylindriques on trouve comme d'ordinaire un noyau et des granulations. La forme des noyaux est ovalaire, leur grand diamètre est de 4 μ, tandis que le diamètre transversal est de 2 à 3 μ (fig. 36, pl. XXVIII).

A la partie inférieure de l'épithélium chitinogène, on trouve la membrane basilaire.

Tissu conjonctif. — Dans la figure 36, pl. XXVIII, le tissu conjonctif n'est représenté qu'en partie. Il se compose de grandes cellules arrondies renfermant un noyau ovalaire avec un nucléole. Les noyaux des cellules du tissu conjonctif sont plus petits que ceux des cellules chitinogènes. Sur les tissus frais ou conservés dans l'alcool, on voit que les cellules du tissu conjonctif renferment des granulations dont la nature glycogénique est mise en évidence par l'action du sérum iodé ou de la teinture d'iode. Nous devons indiquer aussi la présence des glandes, en nombre considérable, dans le tissu conjonctif de l'intestin terminal du *Maïa Squinado*. Ces glandes n'avaient pas été encore, décrites à notre connaissance. Pour compléter la structure de l'intestin terminal, il nous reste à mentionner les fibres striées longitudinales et circulaires, et tout à fait vers l'extérieur une membrane fibreuse, considérée par les auteurs comme l'analogue d'une séreuse.

La structure des parois de l'intestin des autres Crustacés offre, à peu de chose près, les mêmes couches. Il y a cependant des différences légères qu'il importe de connaître.

Ainsi, l'intestin de la Langouste (*Palinurus vulgaris*) ne présente pas de lignes verticales correspondant aux intervalles des cellules chitinogènes, comme cela avait lieu chez le *Maïa Squinado*. Nous devons faire remarquer que la figure 16, pl. XXV, représente une coupe de la paroi de l'intestin terminal de la Langouste quelque temps après la mue. Les téguments externes sont durcis en partie, et il n'est pas étonnant que les parois supérieures des cellules chitinogènes épaissies successivement en lamelles chitineuses se soient soudées entre elles.

Pour ce qui concerne l'épithélium chitinogène, il présente les mêmes caractères que chez le *Maïa*, avec cette différence que les cellules cylindriques se terminent à la partie inférieure par des prolongements qui se mettent en communication avec les fibres du tissu conjonctif. Cette disposition contribue beaucoup à rendre l'apparence de la membrane basilaire moins claire que chez le *Maïa Squinado*.

Le tissu conjonctif de l'intestin de la Langouste se compose presque uniquement de fibres. Au milieu de ces fibres on trouve un nombre considérable de glandes L dont on aperçoit les conduits excréteurs traversant les couches sus-jacentes pour s'ouvrir dans l'intestin. Nous insisterons avec plus de détails sur la structure des glandes dans un paragraphe à part; pour le moment nous signalons seulement leur présence au milieu du tissu conjonctif.

Pour la partie renflée de l'intestin terminal de l'Ecrevisse (*Astacus fluviatilis*), nous trouvons sur une coupe transversale : la *cuticule*, la *couche de chitine* plus ou moins épaisse, puis un *épithélium chitinogène* et le *tissu conjonctif*, comme l'indique la figure 25, pl. XXVI. A la partie interne de la *cuticule a* on trouve de petits prolongements cuticulaires *p* que l'on ne peut apercevoir qu'avec de forts grossissements; à chaque cellule de l'épithélium chitinogène correspondent deux ou trois de ces prolongements cuticulaires.

M. Max Braun [1] a insisté longuement sur la présence, l'origine et le rôle de ces prolongements cuticulaires. Pour l'auteur que nous venons de citer, ils seraient sécrétés par chaque cellule de l'épithélium chitinogène; puis, après leur production, un certain nombre de lamelles parallèles s'interposeraient entre eux et les cellules génératrices.

Le rôle de ces prolongements serait alors purement mécanique : ils serviraient à séparer l'ancienne couche chitineuse qui doit être rejetée à chaque mue d'avec la nouvelle en voie de formation. Les

---

[1] Max Braun, *Ueber die Histologischen Vorgænge bei der Hautung von Astacus fluviatilis*, in *Arbeiten aus dem Zool.-Zoot. Inst. in Würzburg*, 1875, Bd. II, p. 155.

cellules chitinogènes de l'intestin de l'Écrevisse sont remarquables par la grandeur de leur diamètre longitudinal et par la grosseur des noyaux qu'elles renferment.

Le tissu conjonctif est formé de grandes cellules qui se présentent avec les mêmes caractères que chez le *Maïa*.

§ 4. *Les glandes salivaires.* — On dit dans tous les traités de zoologie, d'anatomie comparée et d'histologie que les Crustacés supérieurs ne présentent aucun organe qui puisse être considéré comme une glande salivaire; cependant Carus [1] avait pensé que l'on pouvait attribuer une fonction de ce genre à un organe verdâtre qui se voit de chaque côté de l'œsophage de l'Écrevisse, et qui est beaucoup plus développé chez le Homard. Cette assertion fut bientôt combattue par Lereboullet et par M. Milne-Edwards [2], qui ont démontré que les glandes en question n'avaient aucun rapport avec l'appareil digestif, et ne sauraient en aucune façon en être considérées comme des annexes.

K.-E. von Baer [3] avait conclu de l'analyse des pierres, qui, selon Dulk, contiendraient des matières analogues à celles de la salive (?), que celles-ci sont des pierres salivaires, et que la poche dans laquelle elles sont formées doit être considérée comme une cavité glandulaire. Sans trop insister sur cette assertion, nous dirons qu'elle n'a pas rencontré un accueil favorable de la part des auteurs qui se sont occupés de la formation des *gastrolithes* (Huxley) ou *yeux d'Écrevisse*.

Il faut arriver à une date tout à fait récente pour voir signalée l'existence des glandes salivaires.

En 1875, Max Braun [4] indique pour la première fois, à notre connaissance, l'existence, dans les parois de l'œsophage de l'Écrevisse, de glandes, qu'il croit, d'après les analogies, être de véritables glandes salivaires.

Pendant le cours de nos recherches histologiques sur la structure

[1] Carus, *Traité élémentaire d'anatomie comparée*, t. II, p. 240.

[2] Milne-Edwards, *Histoire naturelle des Crustacés*, 1834, t. Ier; *Leçons sur la physiologie et l'anatomie comparée de l'homme et des animaux*, 1859, t. V, p. 556.

[3] K.-E. von Baer, *Ueber die sogennante Erneuerung des Magens der Krebse und die Bedeutung der Krebssteine*, in *Müller's Arch. f. Anat.*, 1834, p. 510-543.

[4] Max Braun, *Ueber die Histologischen Vorgænge bei der Hautung von Astacus fluviatilis* (*Arbeiten aus dem Zool.-Zoot. Institut in Würzburg*, 1875, Bd. II, p. 141).

et la formation des couches chitineuses du tube digestif des Crustacés, nous sommes arrivé à découvrir des glandes renfermées dans les parois de l'œsophage chez tous les Crustacés nous que avons examinés.

Il nous serait assez difficile de nous prononcer catégoriquement sur la fonction de ces glandes; cependant, anatomiquement parlant, et tenant compte des rapports qu'elles présentent avec l'appareil digestif, il serait légitime de les considérer, comme étant des glandes salivaires.

On peut étudier ces organes indifféremment chez un Macroure ou un Brachyure, car chez tous ils se présentent avec les mêmes caractères.

Chez le *Platycarinus pagurus*, au milieu du tissu conjonctif de la paroi de l'œsophage on voit un nombre considérable de glandules tubulaires.

Une coupe transversale peut donner une idée exacte de la forme des éléments cellulaires. La figure 13, pl. XXIV, montre précisément cette préparation chez le Homard ; on voit que les cellules *N* sont plus ou moins coniques, et renferment du protoplasma granuleux et un noyau ovalaire avec un ou plusieurs nucléoles et des granulations fortement réfringentes. Sur des préparations montées, on voit presque toujours les noyaux refoulés vers la périphérie des cellules.

Ces cellules se groupent et déversent leur produit dans un canal dont la paroi ne laisse pas apercevoir de structure.

Ces amas glandulaires sont entourés de tissu conjonctif; les fibres de ce tissu se continuent jusqu'à une certaine distance sur le conduit excréteur. On voit assez souvent plusieurs glandes réunies dans une enveloppe fibreuse commune d'où part un canal excréteur plus grand, qui se dirige vers la couche de chitine, la traverse et débouche dans l'intérieur de l'œsophage, comme on peut le voir dans la figure 30, pl. XXVII, et fig. 37, pl. XXVIII.

Les fibres musculaires striées divisent le tissu conjonctif environnant les glandes, et viennent s'insérer à la membrane basilaire de l'épithélium chitinogène.

Chez le Homard et la Langouste ces glandes sont extrêmement abondantes.

La figure 15, pl. XXV, montre très bien cette disposition dans les parois de l'œsophage du Homard. La figure 14, pl. XXV, montre la même disposition chez la Langouste.

Sur des coupes fines on arrive non sans difficulté à reconnaître la présence des conduits excréteurs z dans les couches chitineuses. Pour mettre en évidence leur trajet, il faut monter la préparation dans la glycérine étendue d'eau, et l'on voit alors les conduits réunis par groupes de cinq à six.

En regardant attentivement avec de forts grossissements, on aperçoit assez souvent, à la surface de la couche de chitine, de petits poils dans les intervalles qui séparent les groupes de conduits excréteurs.

La présence des glandes dans les parois de l'œsophage est un fait constant chez tous les Crustacés supérieurs.

Notre embarras pour définir la signification véritable de ces glandes provient de ce que des formations présentant exactement la même structure anatomique se trouvent dans les parois de la portion renflée de l'intestin terminal, comme on peut le voir dans la figure 16, pl. XXV. Celles-ci sont aussi constantes que celles-là. On peut constater leur présence et leurs conduits excréteurs chez tous les Crustacés Décapodes sans exception.

Nous appellerions ces dernières glandes *glandes intestinales*.

CHAPITRE III

A. FORMATION DU SQUELETTE TÉGUMENTAIRE PENDANT ET APRÈS LA MUE.

La formation du squelette tégumentaire des Arthropodes et, en particulier, des Crustacés Décapodes chez qui il prend une grande consistance, a préoccupé de tout temps les naturalistes. Beaucoup de mémoires ont été publiés à ce sujet et tous arrivent à cette conclusion que les téguments chitineux des Crustacés sont formés par la sécrétion des parties molles sous-jacentes.

Pour résoudre d'une manière définitive la question, il fallait assister pour ainsi dire à la formation des téguments pendant le développement de l'animal. C'est ce que fit M. Lereboullet; il étudia la formation de la carapace de l'Ecrevisse pendant l'état embryonnaire.

Pour rendre le lecteur juge du résultat auquel est arrivé M. Lereboullet, nous ne pouvons mieux faire que de reproduire ici les passages suivants de son Mémoire sur l'embryologie comparée du Brochet, de la Perche et de l'Ecrevisse[1] : « La carapace de l'Ecrevisse, quelque temps avant l'éclosion, est formée de deux membranes : une interne, amorphe et très mince, et l'autre externe, granuleuse, composée de plusieurs couches de cellules granulées. Les cellules qui forment les couches inférieures sont petites, globuleuses, composées d'un gros noyau qui remplit la cellule presque entièrement; elles ont, en un mot, l'aspect et la composition des jeunes cellules épithéliales. Les autres cellules, au contraire, qui sont rapprochées de la surface, ont des dimensions plus grandes et un noyau relativement plus petit; en sorte que la membrane propre de la cellule, qu'on distingue à peine dans les précédentes, est ici très apparente.

« Les jeunes cellules sont de beaucoup plus nombreuses ; elles constituent le corps de la membrane, tandis que les autres ne forment qu'un très petit nombre de couches superficielles.

« Nous avons sous les yeux une disposition parfaitement analogue à ce que l'on observe dans la structure de la peau des animaux supérieurs, c'est-à-dire une succession de cellules qui végètent et se développent de bas en haut.

« A mesure que l'époque de l'éclosion approche, les cellules superficielles s'aplatissent et se soudent les unes aux autres ; on voit encore quelque temps les lignes de soudure indiquant le contour des cellules aplaties et devenues polygonales, puis ces contours disparaissent, la lame cornée superficielle devient homogène. La carapace se compose alors de trois couches : la pellicule interne, amorphe; la couche granuleuse, moyenne, ou membrane génératrice, et la lamelle cornée extérieure produite par la soudure des cellules les plus superficielles de cette couche moyenne. »

Ainsi, la carapace, selon M. Lereboullet, est produite par l'*aplatissement et la soudure des cellules les plus superficielles de la couche moyenne*. Si cette vue est exacte, on devra constater forcément la présence des noyaux qui appartiennent aux cellules de cette couche moyenne. Grâce aux différents réactifs dont on se sert aujourd'hui en histologie, on a pu trouver dans la couche cornée de l'épiderme des animaux supérieurs les noyaux renfermés dans les cellules aplaties. Pour les téguments chitineux des Crustacés, les tentatives ont

---

[1] Lereboullet, *Recherches d'embryologie comparée sur le développement du Brochet, de la Perche et de l'Ecrevisse* (*Mém. de l'Académie*, savants étrangers, 1862, vol. XVII, p. 756).

complètement échoué ou, pour mieux dire, les recherches ont démontré l'absence complète de noyaux.

Il suffit de citer les recherches de M. Huxley[1], entre autres naturalistes, qui démontrèrent l'absence de noyaux dans les téguments chitineux des Crustacés. Les observations que nous avons faites sur la structure des téguments, soit à des époques éloignées de celle de la mue, soit même pendant la mue, nous ont amené aux mêmes résultats.

Quelle était la conclusion de ces observations tant anciennes que récentes jusqu'au moment où nous avons commencé notre étude?

Pour tous les auteurs qui nous ont précédé, à l'exception de Lereboullet, qui y voit une sorte de mosaïque, la carapace était un produit de sécrétion des parties molles sous-jacentes.

Cette hypothèse est inexacte, à moins que l'on entende le mot *sécrétion* comme synonyme de *produit de cellule*. La constitution de la couche chitineuse est telle, en effet (et c'est là un des principaux résultats de notre travail), que chacune des parties reste individualisée et peut être rapportée à une cellule correspondante de la couche chitinogène.

Si l'on veut considérer cet ensemble de parties chitineuses comme une sécrétion, il faut ajouter que cette sécrétion n'a pas le même caractère que les sécrétions en général, et en particulier que celle qui donne naissance à la cuticule. Une matière plus ou moins fluide, sortant d'une cellule pour s'unir à celle qui sort des cellules voisines, fondue avec celle-ci de manière à former un tout homogène, d'une seule coulée, sans divisions distinctes correspondant aux cellules génératrices, voilà le caractère de la cuticule. Ce n'est pas du tout le caractère de la carapace. Celle-ci n'est pas une matière de coulée, ultérieurement durcie. C'est une série de fragments cellulaires juxtaposés, durcis et conservant chacun la forme, l'apparence et le caractère de la cellule génératrice. Si l'on conserve le nom de sécrétion à cette production, il faut expliquer ce nom comme nous venons de le faire. C'est là, précisément, ce que n'avaient pas compris nos prédécesseurs.

Les recherches de M. Lereboullet nous ont appris un point très

---

[1] HUXLEY, *Tegumentary Organs* (*Todd's Encyclopedia of Anatomy and Physiology*, upplem., p. 486, avec figures, 1859).

intéressant et que nous conserverons, à savoir : l'*origine cellulaire de
la carapace;* seulement le processus selon lequel a lieu cette formation est bien différent de celui que M. Lereboullet a imaginé, à savoir que la carapace serait formée par l'aplatissement et la soudure
des cellules superficielles.

Pour saisir la formation des enveloppes chitineuses, il n'était pas
indispensable de reprendre l'étude pendant le développement embryonnaire, comme l'a fait M. Lereboullet; il suffisait de suivre le
développement des téguments dans la période préparatoire et pendant la mue.

Une étude de ce genre a été faite en 1875 par M. Max Braun[1] chez
l'Ecrevisse.

Le savant que nous venons de citer donne une description exacte
de la structure des téguments de l'Ecrevisse à des époques éloignées de la mue et nos recherches sur ce point, chez les autres
Crustacés, concordent avec les siennes.

C'est le seul qui, à notre connaissance, ait établi d'une manière
précise l'existence d'un épithélium chitinogène entre la carapace et
le tissu conjonctif sous-jacent ; quant à la nature morphologique
de la carapace et de l'épithélium chitinogène, l'auteur n'en dit
rien ; peut-être s'est-il abstenu de tirer les conclusions parce que
ses recherches n'embrassaient qu'un type particulier, l'Ecrevisse ?
Nos recherches sur la structure des téguments des Crustacés, avant
et pendant la mue, nous ont conduit à établir une homologie morphologique entre les téguments des Crustacés et la peau des animaux supérieurs. Cette conclusion a été corroborée par les données
de l'Embryologie, comme nous l'avons fait voir.

Pour ce qui concerne la formation des téguments chitineux, il est
curieux de voir que Max Braun[2] arrive aux mêmes conclusions que
ses prédécesseurs.

Pour lui, en effet, la formation de la carapace commencerait par
la sécrétion de petits poils de nature chitineuse dont le rôle, purement mécanique, consisterait à écarter l'ancienne carapace de la
nouvelle ; après la sécrétion de ces petits poils par les cellules chitinogènes, il se produit entre eux et les cellules épithéliales de nou-

---

[1] Max BRAUN, *Ueber die Histologischen Vorgænge bei der Haulung von Astacus flu-
vialilis,* in *Arbeiten aus dem Zool.-Zool. Institut in Würzburg,* 1875, Bd. II, p. 128.
   [2] Max BRAUN, *loc. cit.,* p. 132.

velles couches chitineuses. Les productions de ces petits poils, de perpendiculaires à la surface qu'elles étaient auparavant, deviendraient, par la pression, parallèles à la direction des lamelles chitineuses, se souderaient à elles et formeraient à la partie supérieure de la nouvelle carapace des crêtes sur lesquelles l'auteur insiste longuement.

Comment a lieu la formation des lamelles chitineuses placées entre l'épithélium chitinogène et les petites soies? L'auteur ne nous en dit rien. C'était là pourtant le point principal.

De ce qui précède il ressort clairement que nos connaissances sur la formation des nouveaux téguments chitineux n'étaient guère plus avancées qu'auparavant. Nous croyons avoir éclairci la question en montrant que *la formation des téguments chitineux est due à un épaississement successif de la paroi supérieure des cellules qui forment l'épithélium chitinogène.*

En donnant la description des téguments de l'Ecrevisse dans la période préparatoire de la mue, nous avons constaté à la partie inférieure de la couche chitineuse qui forme la carapace (fig. 21, *b'*, pl. XXVI) des *espaces s'* se présentant sous l'aspect de *lignes verticales* et correspondant aux intervalles intercellulaires des cellules chitinogènes sous-jacentes ; entre ces lignes verticales, à la partie supérieure de chaque cellule de l'épithélium chitinogène, on voit un nombre plus ou moins grand de petites lamelles parallèles qui ne sont autre chose que les couches d'accroissement du tégument. La présence de ces espaces verticaux était mise en évidence sur des préparations par la coloration plus vive qu'ils prennent sous l'influence du picrocarminate. On remarque le même fait chez tous les autres Crustacés ; chez le *Carcinus mœnas*, par exemple, on voit, soit dans la moitié supérieure des téguments nouvellement formés, soit dans toute leur épaisseur, ces stries verticales correspondant précisément aux interstices cellulaires de l'épithélium chitinogène.

Sur des coupes transversales des téguments en voie de formation qui entourent les pattes des Crabes, on constate l'existence de *petits prismes* (fig. 33, *pr*, pl. XXVII) superposés aux cellules chitinogènes ; les prismes sont séparés entre eux par des espaces ou stries verticales *s'* correspondant aux intervalles des cellules de l'épithélium sous-jacent. Les lignes noires, qui ne sont autre chose que les limites de séparation des prismes chitineux, traversent perpendiculairement le revêtement dans toute son épaisseur. Chaque prisme comprend un nombre considérable de petites lamelles parallèles soit à la surface des téguments, soit à la paroi supérieure de chaque cellule chitinogène.

On observe le même fait, encore mieux, sur la carapace de la *Galathea Squammifera* (Leach), comme on peut le voir dans la figure 27, *pr*, pl. XXVI. La deuxième couche qui vient après la cuticule *a* est formée d'un nombre considérable de prismes chitineux *pr* surmontant les cellules de l'épithélium cylindrique ; les lignes verticales à la surface de la carapace correspondent aux intervalles des cellules de l'épithélium sous-jacent et représentent les espaces de séparation de différents prismes. Pour les prismes, on constate aussi qu'ils sont constitués par la superposition d'un grand nombre de lamelles horizontales, parallèles à la surface de la paroi supérieure des cellules sous-jacentes et représentant, par conséquent, les lamelles d'accroissement.

Lorsque nous avons décrit la structure des téguments du *Portunus puber* quelque temps après la mue, nous avons vu que la deuxième couche chitineuse, qui correspondra plus tard à la couche pigmentaire, est formée d'un grand nombre de prismes (fig. 4, *pr*, pl. XXIII) dont le diamètre transversal présente le même diamètre que les cellules de l'épithélium chitinogène.

§ 1. *L'origine cellulaire des téguments chitineux.* — Lorsque l'on fait des coupes parallèles à la surface des téguments des Crabes, on aperçoit des dessins polygonaux, qui rappellent les contours des cellules polyédriques de l'épithélium chitinogène. Ce fait présente un très grand intérêt comme indice de *l'origine cellulaire des téguments chitineux des Crustacés.*

La constatation de ces dessins est facile. Il suffit d'employer le nitrate d'argent ; ce réactif en solution à 1 pour 100 montre nettement, sur des coupes parallèles à la surface des téguments, les contours polygonaux, qui rappellent les sections normales des cellules chitinogènes. Les mesures micrométriques ne laissent aucun doute à cet égard.

En résumé, nous avons constaté la présence d'espaces verticaux se présentant sous l'aspect de stries noirâtres traversant perpendiculairement les couches de chitine de nouvelle formation. Quelquefois ces stries sont cantonnées à la partie supérieure de la carapace, d'autres fois elles traversent les couches de chitine dans toute leur épaisseur et correspondent inférieurement aux intervalles cellulaires de l'épithélium chitinogène.

Nous avons vu, d'autre part, que les lignes verticales ne sont autre chose que les lignes de séparation des prismes chitineux qui surmontent les cellules chitinogènes. Ces faits nous indiquaient déjà l'origine cellulaire des téguments chitineux.

Pour que la démonstration fût complète il fallait s'assurer si les lignes verticales aboutissaient par leur extrémité supérieure aux contours des dessins polygonaux.

Nous nous en sommes convaincu en examinant des coupes transversales ou obliques.

En promenant la préparation sur le porte-objet du microscope, on voit d'abord quelques dessins polygonaux, puis des lignes verticales aboutissant, en haut, aux contours polygonaux, et en bas, aux intervalles cellulaires de l'épithélium chitinogène.

§ 2. *Le processus de formation des téguments chitineux.* — Il s'agit maintenant de comprendre par quel processus a eu lieu la formation du tégument.

Ce processus consiste-t-il dans *l'aplatissement et la soudure des cellules les plus superficielles* de l'épithélium? comme l'a prétendu M. Lereboullet, pour l'Ecrevisse, ou bien dans la *sécrétion d'une matière chitineuse*, matière de coulée sécrétoire, comme l'ont soutenu tous nos prédécesseurs? Ni l'une ni l'autre de deux suppositions n'est valable.

La formation du tégument chitineux n'a lieu par aucun de ces deux processus.

D'abord l'absence de noyaux dans la couche de chitine nouvellement formée exclut catégoriquement la première hypothèse. Quant à l'hypothèse que la carapace serait formée par la sécrétion d'une matière chitineuse, elle représente quelque chose de très vague: mais comme elle restait seule, à défaut de toute autre, les naturalistes l'acceptaient plutôt comme un moyen d'éviter la difficulté que de la résoudre.

La présence de lamelles parallèles formant par leur superposition des prismes chitineux sus-jacents aux cellules chitinogènes, et, par là, la couche de chitine tégumentaire, nous conduisent à admettre que *le processus de formation des téguments chitineux consiste dans l'épaississement successif de la paroi supérieure des cellules de l'épithélium chitinogène.*

Notre conclusion ne saurait être infirmée par l'absence quelquefois constatée des lignes verticales, correspondant aux interstices cellulaires de l'épithélium chitinogène, comme le cas se présente pour la carapace des Homards. Il est évident que dans ce cas les parois supérieures des cellules se sont fusionnées de bonne heure.

On pourrait comparer ce processus chez les animaux au processus analogue que nous offrent les plantes soit dans le cas des formations cuticulaires, soit dans le cas des formations libériennes, et cet exemple ne serait pas unique dans les deux règnes.

Si la formation de la carapace des Crustacés est due à l'épaississement de la paroi supérieure des cellules de l'épithélium chitinogène, il en résulte forcément que le diamètre longitudinal de ces cellules doit diminuer par le progrès de la formation des nouvelles couches chitineuses.

En observant de près des animaux de même taille à des époques différentes, nous nous sommes assuré qu'en effet les cellules chitinogènes, qui présentaient à l'époque de la mue des proportions gigantesques, étaient réduites plus tard au tiers de leur diamètre longitudinal.

On peut constater ce fait chez tous les Décapodes et plus spécialement chez le Homard.

Nous devons faire remarquer que l'étendue suivant laquelle sont décapitées les cellules chitinogènes, pendant la mue, n'est pas proportionnelle à l'épaisseur de la carapace; car cette diminution est compensée par l'utilisation des matières de réserve emmagasinées dans la couche sous-jacente.

La plus importante de ces matières est le glycogène existant, à cette époque, dans les cellules volumineuses du tissu conjonctif.

Ce fait est un nouvel exemple, très convaincant, de la relation qui existe entre l'activité de la nutrition et l'apparition du glycogène.

En regardant attentivement et avec de forts grossissements les lamelles parallèles de la couche chitineuse, on voit que les lamelles qui se superposent ne présentent pas le même aspect. Les unes sont plus claires, et les autres plus obscures, et ces deux catégories alternent entre elles.

Cette différence d'aspect indique une différence de densité; les lamelles qui sont moins claires sont celles qui sont plus denses et, par conséquent, plus réfringentes.

Nous avons dit que chaque lamelle chitineuse des téguments qui constituent la carapace est traversée perpendiculairement par de petits canalicules poreux.

Ceux-ci affectent sur une coupe transversale l'aspect de lignes ondulées, très visibles si la préparation est montée dans la glycérine étendue d'eau.

Cet aspect fibrillaire des lamelles parallèles a reçu diverses interprétations de la part des auteurs.

Voici comment M. Huxley expliquait, en 1859, cette striation fibreuse due à la présence des canalicules qu'il appelait *tubulures:* « Je crois, dit-il, que la structure tubulaire est produite par ce fait que les lamelles horizontales sont remplacées, au fur et à mesure que la matière calcaire se dépose, par une fibrillation perpendiculaire de la matière chitineuse, et qu'enfin les fibrilles non calcifiées disparaissent et laissent des tubulures à leur place[1]. »

Il nous suffit d'opposer à cette conclusion le fait suivant : dans les téguments qui ne sont pas encore envahis par les sels calcaires, on constate la présence de ces canalicules·poreux, qui peuvent être mis en évidence sur des préparations montées dans la glycérine étendue d'eau.

En 1880, l'auteur[2] revient sur cette idée ; il dit, en effet, que l'on peut trouver ces canalicules poreux aussi dans les membranes chitineuses des articulations.

B. *Formation de la couche chitineuse du tube digestif.*

La couche de chitine, qui tapisse intérieurement le tube digestif, se forme de la même manière que les téguments externes.

Si l'on fait la coupe transversale de la portion renflée de l'intestin terminal du *Maïa squinado* (fig. 36 et 38, pl. XXVIII), on voit dans l'épaisseur de la couche chitineuse *b* les mêmes lignes verticales *s'*, correspondant aux intervalles intercellulaires de l'épithélium chitinogène que nous avons rencontrés dans les téguments externes de

---

[1] Huxley, *Tegumentary organs (Todd's Encyclopedia of Anatomy an l Physiology,* suppl., vol. 1859, p. 487).

[2] Huxley, *Bibliothèque scientifique nternationale: l'Ecrevisse,* 1880.

beaucoup des Crustacés. Les lignes verticales sont les lignes de séparation des prismes chitineux qui surmontent les cellules chitinogènes.

Chaque prisme se compose d'un grand nombre de lamelles parallèles superposées, différentes d'aspect, les unes plus claires, les autres plus obscures et plus réfringentes.

Le processus de formation est, comme on pouvait le prévoir, le même que tout à l'heure ; c'est l'*épaississement successif de la paroi supérieure des cellules chitinogènes.*

Si l'on n'observe pas partout les lignes verticales, c'est que les parois supérieures des cellules chitinogènes se sont soudées de bonne heure et se sont épaissies en bloc pour ainsi dire, sans conserver leur individualité. Ce processus diffère de celui qui a été décrit par M. Lereboullet[1], à savoir : *l'aplatissement et la soudure des cellules épithéliales.*

Les auteurs ne pouvaient pas séparer, dans leurs explications, le tube digestif du tégument externe et Max Braun[2] admet pour la formation de la couche de chitine du tube digestif le même processus que pour la carapace.

Ce serait peut-être le moment de parler de la formation des pierres ou des *yeux d'Ecrevisse ;* mais nous réservons ce point particulier pour l'étude des matières de réserve.

Quant à l'armature stomacale qui constitue ce que l'on appelle les *dents de l'estomac,* elle présente la même structure que la carapace. Il faut noter que les canalicules poreux ne se trouvent que dans les couches chitineuses épaisses; les pièces qui composent l'armature de l'estomac sont dans ce cas; pour le reste du tube digestif les canalicules poreux manquent presque complètement.

Résumé.— 1° Les couches de chitine qui constituent extérieurement les téguments durcis ou non par les sels calcaires, et celles qui tapissent intérieurement le tube digestif ont une origine cellulaire.

2° Les couches chitineuses externes ou internes proviennent toujours d'un épithélium chitinogène, à cellules plus ou moins

---

[1] LEREBOULLET, *Recherches d'embryologie comparée sur le développement du Brochet, de la Perche et de l'Ecrevisse* (*Mém. de l'Académie,* savants étrangers, 1862, vol. XVII, p. 761).

[2] Max BRAUN, *Ueber die Histologischen Vorgänge bei der Häutung von Astacus fluviatilis* (*Arbeiten aus dem Zool.-Zoot. Inst. in Würzburg,* 1875, Bd. II, p. 155).

cylindriques dont la présence est constante sous les couches de chitine.

3° Les cellules de l'épithélium chitinogène prennent des proportions gigantesques pendant la mue, pour diminuer ensuite après la constitution des couches chitineuses.

4° La diminution en longueur des cellules de l'épithélium chitinogène n'est pas proportionnelle à l'épaisseur des nouvelles couches chitineuses, parce que cette diminution est compensée par l'utilisation des matières glycogéniques renfermées dans les cellules volumineuses du tissu conjonctif.

5° Le processus selon lequel a lieu la formation des couches chitineuses externes ou internes, ne consiste pas dans l'aplatissement et la soudure des cellules épithéliales, comme l'a prétendu Lereboullet, il ne consiste pas non plus dans la sécrétion d'une matière chitineuse des cellules de l'épithélium chitinogène, matière de coulée, ultérieurement durcie, comme l'ont soutenu nos prédécesseurs. C'est un processus plus simple ; il consiste dans l'*épaississement successif de la portion supérieure des cellules de l'épithélium chitinogène, qui se sépare du corps cellulaire. Ces portions forment ainsi des lamelles parallèles, d'aspect variable, selon la densité des matières qui entrent dans leur constitution.* Un exemple d'un processus pareil se rencontre dans le règne végétal dans le cas des formations cuticulaires et libériennes.

6° Ce processus d'ordre physique a dû être précédé d'un autre processus de nature chimique consistant dans la transformation des matières albuminoïdes en *chitine.*

Comment a lieu cette transformation, nous le soupçonnons à peine ; une étude de ce genre ne pouvait pas rentrer dans nos recherches histologiques.

CHAPITRE IV.

A. LA MUE DES CRUSTACÉS.

Le phénomène de la mue des Crustacés supérieurs, c'est-à-dire le rejet périodique des téguments chitineux, n'avait pas échappé aux observateurs de la plus haute antiquité.

Aristote dit à ce propos : « Des animaux marins, (comme) les Langoustes et les Homards, muent tantôt le printemps, tantôt l'au-

!omne, après la ponte. Souvent on pêchait des Homards dont les parties voisines du thorax étaient molles ; la coquille (carapace) était ouverte à cet endroit ; les parties inférieures étaient dures et la coquille à cet endroit était encore intacte.

« Ces animaux ne muent pas de la même manière que les serpents. Les Homards hibernent pendant cinq mois.

« Les Crabes muent aussi ; la chose est indiscutable pour les Crabes communs ; mais on dit aussi que les vieux *Maïa* éprouvent la même chose.

« La coquille, après la mue, devient complètement molle et les animaux ne peuvent pas marcher. Chez ces animaux, la mue n'a pas lieu une seule fois, mais plusieurs fois. »

Mais il faut arriver jusqu'à une époque voisine de la nôtre pour trouver une description un peu détaillée de la mue des Crustacés.

C'est à Réaumur que nous la devons. Dans deux Mémoires communiqués à l'Académie des sciences, Réaumur[2] décrit d'une manière détaillée la manière dont s'accomplit le changement des téguments chitineux chez l'Ecrevisse.

Ses observations ont été à peu près textuellement reproduites par les naturalistes qui lui ont succédé, entre autres par Bosc[3] et par M. H. Milne-Edwards[4].

Les détails donnés par J. Couch[5] et Jones Th. Rymer[6] sur le même sujet ne sont que la confirmation des observations de Réaumur. A la vérité, J. Couch parle aussi de la mue chez les Macroures et les Brachyures ; mais il n'a pas su mettre en relief la différence qui existe dans le mécanisme de la mue chez ces animaux.

Les dernières observations sur la mue de l'Ecrevisse sont dues à

[1] Aristote, *De animalibus historiæ*, lib. VIII, cap. XIX.

[2] Réaumur, *Sur les diverses reproductions qui se font chez l'Ecrevisse*, etc. (*Mém. de l'Académie des sciences*, Paris, 1712, p. 226). — *Observations sur la mue de l'Ecrevisse*, etc. (Même recueil, 1718, p. 263).

[3] Bosc, *Histoire naturelle des Crustacés*, t. Ier, p. 136.

[4] Milne-Edwards, *Histoire naturelle des Crustacés*, 1834, t. Ier, p. 54.

[5] J. Couch, *Bemerkungen über den Hautungsprocess der Krebse und Kraben*, in *Archiv. f Naturgesch. von Wiegmann*, 1838, p. 337.

[6] Jones Th. Rymer, *Ueber die Hautung der Krebse*, in *Frorieps Notizen*, Bd. XII, 1839. p. 83-85. — *Ueber das Hauten des Krebses*, in *Isis*, 1844, p. 912-913.

M. Chantran[1]. L'auteur compte le nombre des mues annuelles à partir des premiers jours après l'éclosion; il montre que la première mue a lieu dix jours après l'éclosion; la deuxième, la troisième, la quatrième et la cinquième mue ont lieu après un intervalle de vingt à vingt-cinq jours.

Le jeune animal mue *cinq* fois dans l'espace de quatre-vingts à cent jours dans les mois de juillet, août et septembre.

La sixième mue a lieu en mai de l'année suivante; la septième en juin et la huitième en juillet. Il y a donc *huit mues* dans le courant de la première année.

Dans la seconde année, il y a cinq mues : la première et la deuxième en août et septembre; la troisième, la quatrième et la cinquième en mai, juin et juillet de l'année suivante.

Dans la troisième année, il y a deux mues : la première en juillet et la deuxième en septembre.

A l'âge adulte, il y aurait, selon M. Chantran, deux mues par an pour le mâle et une seule pour la femelle. La première mue pour les mâles adultes a lieu en juin et juillet, et la seconde entre les mois d'août et septembre. Quant aux femelles, leur unique mue s'effectue aussi vers la même époque, c'est-à-dire entre le mois d'août et le mois de septembre.

Il résulte de ces observations que le plus grand nombre de mues correspond précisément au moment où le développement est le plus actif.

Ces exemples comportent de nombreuses exceptions; il y a des Crustacés qui ont atteint l'âge adulte et dont les téguments ne subissent aucune mue dans l'espace d'une ou de plusieurs années. Ce fait a été indiqué par Quekett[2] pour les Crabes, sur les téguments desquels on avait trouvé des Huîtres âgées de trois ans; pendant cet intervalle de temps, l'animal n'avait pas rejeté ses enveloppes chitineuses. Probablement, l'auteur, en parlant de ces Crabes, qui restent plusieurs années sans changer de tégument, a eu en vue les Crabes Tourteaux (*Platycarcinus pagurus*) qui atteignent de grandes proportions et dont les téguments chitineux présentent une épaisseur de 2 à 3 millimètres à la carapace et aux pinces.

---

[1] CHANTRAN, *Observations sur l'histoire naturelle de l'Écrevisse* (*Comptes rendus de l'Académie des sciences*, 1870, p. 43).

[2] QUEKETT, *Lectures on Hyslology*, 1854, t. II, p. 399.

Pendant le cours de nos recherches sur la structure et la formation des téguments, nous avons observé de près l'acte du rejet des enveloppes chitineuses, et nous avons pu ainsi combler les lacunes qui subsistaient à ce sujet tant pour les téguments externes qu'internes.

Notre préoccupation était plutôt d'observer le mécanisme de la mue chez les Décapodes à l'état adulte que de compter, à l'exemple de M. Chantran, le nombre des mues de l'animal pendant les années successives.

Les Crustacés sont couverts d'une enveloppe durcie par des sels calcaires, constituant un squelette extérieur, également incapable de s'étendre et de s'accroître par additions interstitielles, comme les os des animaux supérieurs. Pour que le corps de l'animal puisse recevoir son développement, il est indispensable que les anciens téguments soient rejetés et successivement remplacés par d'autres.

De là, la division en deux parties du phénomène de la mue. La première partie est caractérisée par la formation de nouvelles enveloppes chitineuses, et la deuxième partie, caractérisée par le rejet des anciens téguments, également chitineux.

Ici, nous ne nous occuperons que de la seconde partie.

Pour les Crustacés Décapodes, qui forment le sujet de nos études, le rejet de l'ancienne enveloppe a lieu périodiquement. M. Huxley, dans son livre [1], appelle ce changement des téguments ou cette mue *ecdysis* ou *exuviation*.

Pour comprendre le phénomène de la mue chez les Crustacés Décapodes, il faut l'étudier isolément chez les Macroures et chez les Brachyures, où elle est différente.

§ 1. *Le mécanisme de la mue chez les Décapodes Macroures.* — Nous prendrons pour type le Homard (*Homarus vulgaris*), en lui comparant, quand il y aura lieu, les autres Crustacés du même groupe. Nos études sur la mue des Homards et des Langoustes ont été faites au laboratoire de Roscoff, où nous avons pu nous les procurer à toutes les époques.

Disons tout de suite que la mue chez le Homard et chez tous les Macroures s'annonce par la déchirure du tégument non calcifié qui se trouve entre le bord postérieur du céphalo-thorax et le premier article de l'abdomen.

---

[1] Huxley, *Bibliothèque scientifique internationale: l'Ecrevisse*, 1880, p. 24.

Cette déchirure est suivie, au bout de peu de temps, du remplacement des anciennes enveloppes.

Voici quelques observations à ce sujet.

Le 21 juillet, nous apportons du vivier au laboratoire de Roscoff un Homard vigoureux; il était sur le point de muer : nous en étions assurés, parce que la membrane interposée au céphalothorax et à l'abdomen était déchirée.

L'animal, placé dans l'aquarium du laboratoire, paraît agité; il se déplace dans toutes les directions, comme s'il cherchait un endroit favorable où il puisse se dégager de ses anciens téguments. Au bout de dix minutes, il s'arrête dans un coin et, à la suite d'un mouvement brusquement exécuté, il se couche sur le flanc.

Presque tous les auteurs, en parlant de la mue de l'Écrevisse, racontent que l'animal se renverse sur le dos pour abandonner son ancien squelette. C'est une erreur; si le Crustacé Macroure était couché sur le dos, il se trouverait dans l'impossibilité de se dégager de sa carapace; le dégagement de l'animal s'exécute, en effet, par l'espace laissé libre entre le bord postérieur du céphalothorax et le premier article de l'abdomen.

Ainsi placé latéralement, le Homard exécute de petits mouvements. Les antennes, les pattes ambulatoires, les fausses pattes et l'abdomen prennent part à ces mouvements. Pendant que l'animal s'agite, on voit que la carapace, qui ne reste plus adhérente que dans la région buccale, est soulevée, en haut et en avant, pour la sortie du corps. La tête est tirée en arrière; les yeux et les autres appendices sont dégagés de leur ancien revêtement. Rien de plus facile que de saisir le moment où les yeux sont débarrassés de leur enveloppe. On s'en aperçoit à la couleur blanche et à la transparence du tégument chitineux qui couvrait la cornée colorée en noir.

La sortie des pattes ambulatoires se fait de deux côtés à la fois : pour ce qui concerne la sortie des pinces, elle est facilitée, du moins chez le Homard, par l'élasticité du revêtement membraneux du troisième et du quatrième article, et par la rétraction des masses musculaires du dernier article.

A la suite de ces efforts, l'animal finit par dégager à moitié ses pattes; la carapace, à ce moment, est tellement soulevée, qu'elle fait un angle droit avec le céphalothorax; le rostre mou vient buter contre le bord postérieur de la carapace ancienne.

Dans cette position, l'animal, étant toujours couché sur le flanc, finit par dégager complètement ses pattes, ses branchies, ses antennes et ses pinces ; il ne lui reste qu'à tirer son abdomen. Il exécute pour cela un saut brusque en avant, étend son abdomen et l'arrache de ses anciennes enveloppes.

A ce moment, la mue est achevée : la carapace, éliminée, reprend, en vertu de l'élasticité des articulations, sa figure ordinaire, et l'on croirait que l'on se trouve en présence de deux Homards.

Si l'on examine avec un peu plus d'attention le squelette du Homard qui vient de muer, on est étonné de l'intégrité de ses différentes parties. Les enveloppes des branchies, les apodèmes, les tendons, en un mot tout ce qui est formé de chitine, a conservé ses rapports ordinaires.

Il faut maintenant nous demander ce qui arrive pour la couche de chitine qui tapisse intérieurement le tube digestif. Mais avant d'aborder cette question, il faut dire deux mots d'un autre sujet qui se lie intimement au premier ; il s'agit du dégainement de l'ancienne carapace d'avec la carapace nouvellement formée.

Au moment de la mue, la nouvelle carapace est déjà constituée en partie ; entre elle et l'ancienne carapace se trouve interposée une substance d'une transparence parfaite, que l'on pourrait prendre pour une membrane à cause de sa faible épaisseur et de sa transparence. Après la mue, l'on voit très bien cette substance adhérer à l'ancienne carapace et l'on peut en faire l'étude avec une grande facilité. L'examen microscopique démontre l'absence complète de cellules et de noyaux, et l'on reconnaît que l'on a affaire à une substance homogène, gluante, présentant les caractères physiques de la gélatine.

Cette substance est un produit de sécrétion des couches sous-jacentes à la nouvelle carapace qui la traverse par endosmose et vient s'interposer entre l'ancienne et la nouvelle carapace pour faciliter le dégainement.

La mue des autres Décapodes Macroures se fait dans les mêmes conditions que chez le Homard.

§ 2. *Le mécanisme de la mue chez les Décapodes Brachyures.* — Notre type sera le Crabe (*Carcinus mœnas*) ; nous l'étudierons en détail, puis nous lui comparerons, quand il y aura lieu, les autres espèces du groupe.

On sait, par les savantes recherches de M. Milne-Edwards[1] sur la morphologie des téguments des Crustacés Décapodes, que le corps de ces animaux est formé d'une répétition d'anneaux; que chaque anneau est formé d'un arceau supérieur et d'un arceau inférieur; que l'arceau supérieur est formé de deux pièces centrales, réunies sur la ligne médiane et qui forment le *tergum*, et de deux parties latérales ou les *épimères*. La nature morphologique des pièces qui constituent la carapace a été établie très exactement. Pour en donner une idée rapide, nous ne saurions mieux faire que de reproduire textuellement les lignes suivantes de M. Milne-Edwards[2] : « Dans l'œuf de l'Ecrevisse, comme l'a fait voir M. Rathke, elle (carapace) est d'abord formée de trois parties distinctes qui viennent se réunir entre elles pour constituer une seule lame continue; une de ces pièces occupe la ligne médiane, et représente évidemment les deux tergums réunis qui occupent la même place dans l'arceau supérieur des anneaux thoraciques des Edriophthalmes; les autres sont latérales et doivent être regardées comme les analogues des épimères. Dans l'Ecrevisse adulte, ces pièces sont complètement soudées entre elles ; mais on peut encore les distinguer par les sillons qui occupent leur point de jonction. Les autres deux pièces latérales sont très développées et se réunissent sur la ligne médiane dans la moitié postérieure de la carapace, tandis qu'antérieurement elles sont séparées par le tergum.

« Chez d'autres Décapodes de la famille des Brachyures, la disposition qui est transitoire dans l'Ecrevisse, devient permanente, et la carapace reste formée de trois pièces distinctes ; mais, chez tous ces Crustacés, les épimères sont très peu développées, tandis que le tergum prend une extension énorme ; il s'étend jusqu'à l'abdomen, et constitue la presque totalité de la carapace. »

Ainsi, la grande partie de la carapace de l'Ecrevisse et, par conséquent, des Macroures en général est constituée par les épimères extrêmement développés et réunis sur la ligne médiane du dos, tandis que le tergum est peu développé et séparé d'avec les épimères par le sillon cervical *cg* (fig. 5).

---

[1] MILNE-EDWARDS, *Observations sur le squelette tégumentaire des Crustacés Décapodes et sur la morphologie de ces animaux* (*Ann. des sc. naturelles*, 3ᵉ série, 1851, p. 221-230).

[2] MILNE-EDWARDS, *Histoire naturelle des Crustacés*, 1834, t. Iᵉʳ, p. 27.

Chez les Brachyures c'est le contraire qui a lieu.

On peut se rendre compte de cette disposition par les figures jointes.

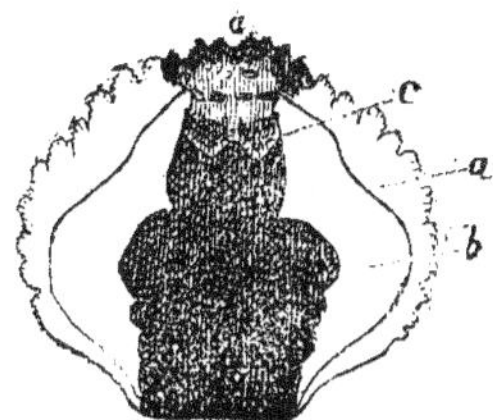

Fig. 1. — Carapace d'un Décapode Brachyure (atélécycle) vu en dessous pour montrer la suture qui réunit les épimères *b* à la portion tergale *a* extrêmement développée. (D'après M. H. Milne-Édwards).

Ces notions nous permettent maintenant d'aborder plus fructueusement la description de la mue des Brachyures.

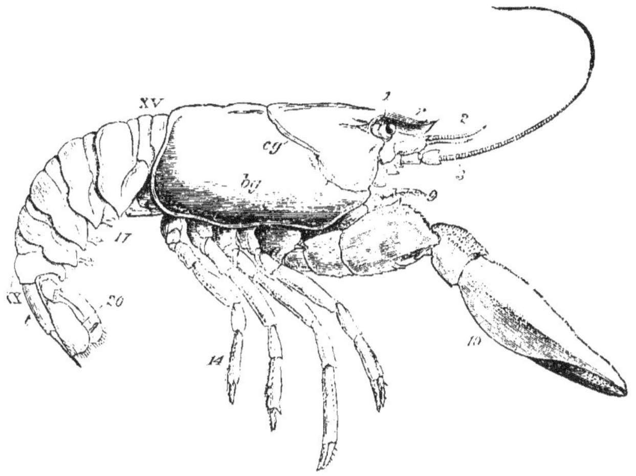

Fig. 2. — *Astacus fluviatilis*. Vue de profil d'un mâle (gr. nat.); *bg*, épimère ou branchiostégite (Huxley), séparée antérieurement du tergum par le sillon cervical *cg* ; *r*, rostre: *t*, telson ; 1, pédoncule de l'œil ; 2, antennule; 3, antenne ; 9, patte-mâchoire externe; 10, pince; 14, dernière patte-ambulatoire ; 17, fausse patte abdominale; 20, lobe latéral de la nageoire caudale ; XV, premier article de l'abdomen. (D'après M. Huxley.)

La mue immédiate du Crabe commun (*Carcinus mœnas*) ou du Crabe Tourteau (*Platycarcinus pagurus*) s'annonce par l'écartement du bouclier dorsal ou carapace d'avec les épimères ; cet écartement laisse voir un espace circulaire tout autour de la carapace ; et entre les bords de celle-ci et des épimères écartés on voit les téguments mous de l'animal.

Ce fait, tel que nous l'avons indiqué, est caractéristique pour le groupe des Décapodes Brachyures.

Les Tourteaux (*Platycarcinus pagurus*), les *Xantho florida* (Leach) et *Xantho rivulosus* (M. Edw.), les Portunes (*Portunus puber*), les *Maïa squinado*, etc., présentent cette fente circulaire ; pourtant chez ces derniers elle n'est pas complète.

Les Décapodes Macroures n'offrent pas cette désarticulation circulaire ; la chose n'a pas lieu d'étonner, si l'on se rappelle le développement considérable, chez les Macroures, des épimères et leur union sur la ligne médiane du dos pour former la carapace. Tout ce que nous pouvons dire des épimères de ces animaux, c'est que pendant la mue, ils sont un peu écartés sur la ligne médiane ; mais on ne voit *jamais* leur désarticulation d'avec le tergum, qui forme la partie antérieure de la carapace.

Chez les Macroures, la carapace tout entière : le tergum et les épimères, est soulevée pendant que l'animal fait des efforts pour se dégager de ses enveloppes, tandis que chez les Brachyures, il n'y a de soulevé que le bouclier dorsal, formé par le tergum, et qui est écarté d'avec les épimères.

Etudions maintenant ce qui se passe avec un Crabe qui se prépare à sortir de ses anciens téguments.

Quelques jours après la désarticulation du bouclier dorsal d'avec les épimères, le Crabe commence à faire des efforts pour abandonner ses enveloppes. Les mouvements des pattes et des antennes sont semblables à ceux exécutés par le Homard.

Pendant qu'ont lieu ces mouvements alternatifs des pattes, on voit sortir les deux premiers articles de l'abdomen, par l'espace laissé libre entre le bord postérieur de la carapace et le premier anneau de l'abdomen.

Après vingt minutes de travail, le Crabe est très courbé, comme s'il se préparait à culbuter, et à ce moment, la carapace étant fortement soulevée, l'animal réussit à dégager complètement les pattes ambulatoires et l'abdomen.

Il ne reste plus à dégager que les pinces qui sont emprisonnées dans leurs fourreaux. A cet effet, l'animal prend cette fois-ci la position horizontale, et après plusieurs tentatives il réussit enfin à débarrasser les pinces.

Il abandonne alors les anciens téguments, qui restent sur place dans un état parfait de conservation.

Il arrive quelquefois que le Crabe perd une ou plusieurs de ses pattes, pendant la mue, ce qui peut arriver aussi pour les Macroures.

On peut résumer de la manière suivante les différences qui existent, au point de vue du mécanisme de la mue, entre les Macroures et les Brachyures.

1° Les Brachyures présentent une désarticulation circulaire de la carapace d'avec les épimères, ce qui n'a pas lieu pour les Macroures.

2° Position horizontale de l'animal pendant la mue, pour les Brachyures, tandis que les Macroures sont couchés sur les côtés.

3° Dégagement complet, pour les Brachyures, de l'abdomen avant le céphalothorax et les pinces, tandis que, chez les Macroures, c'est le céphalothorax qui est dégagé en premier lieu.

Le temps que les Crabes mettent à opérer leur mue dépend de la force de l'animal et varie entre 20 et 30 minutes. Ce sont les Crabes Tourteaux qui mettent plus de temps à exécuter cette opération ; le minimum est d'une heure.

Il paraît que tous les Crustacés qui ont subi la mue ont conscience de leur faiblesse ; pour se dérober à leurs ennemis, parmi lesquels ils peuvent compter même leurs semblables, ils cherchent les endroits les plus retirés.

On peut observer ces habitudes dans des viviers, où les Homards et les Langoustes sont conservés en grande quantité ; pour obtenir des Homards sur le point de muer, il faut les chercher dans les endroits où il y a moins d'eau et qui sont moins fréquentés par leurs semblables.

En mer, les Crustacés se tiennent cachés dans quelques réduits qui les protègent contre leurs ennemis. Il nous est arrivé plus d'une fois de voir une Galatée, un Crabe menade ou un Crabe Tourteau, etc., en état de mue, devenir la proie de ses semblables.

Il faut donc, pour conserver un Crabe ou n'importe quel autre Crustacé mou, le séquestrer, l'isoler des autres Crustacés.

Il arrive cependant qu'une femelle tout à fait molle ne soit pas molestée ni inquiétée par les animaux de même espèce ; en cherchant la cause de cette abstention inusitée de la part des Crustacés, on la trouve dans la protection exercée sur elle par le mâle prêt à l'accoupler.

On sait qu'en général le mâle est plus petit que la femelle, cependant nous avons remarqué bien des fois des mâles accouplés à des femelles plus petites qu'eux, et cela seulement pendant la mue de la femelle. La chose s'explique dans ce cas très facilement ; les téguments de la femelle n'étant pas encore durcis, l'intromission des appendices copulateurs du mâle se fait avec une plus grande facilité.

Les Crabes, après avoir quitté leurs téguments, sont tout à fait mous ; après vingt-quatre heures, la carapace commence déjà à prendre plus de consistance, mais ce n'est qu'après soixante-douze ou quatre-vingts heures que le tégument du Crabe mou est complètement durci. Les Tourteaux mettent plus longtemps à consolider leur enveloppe, et les Homards et les Langoustes encore davantage.

B. *Le mécanisme de la mue du tube digestif chez les Crustacés Décapodes.*

Le tube digestif des Crustacés Décapodes est tapissé intérieurement par une couche de chitine présentant à peu de chose près la même structure que l'enveloppe externe de l'animal. Partout la couche chitineuse du tube digestif présente une grande uniformité, excepté pour l'estomac, où elle constitue un appareil triturant dont la nature et le nombre des pièces ont fait l'objet des recherches de plusieurs naturalistes[1].

Ce qu'il importe de savoir, c'est que l'armature stomacale des Crustacés Décapodes est sujette à des mues périodiques, comme les autres parties du squelette de ces animaux.

Le phénomène de la mue de l'estomac des Crustacés a été connu

[1] Rosel, *Insecten-Belustigung*, t. III, pl. LVIII, fig. 12 et 13.

Suckow, *Anatomisch-physiologische Untersuchungen der Insecten und Krustenthiere*, 1818, p. 52, pl. X, fig. 11 et 12.

H. Milne-Edwards, *Histoire naturelle des Crustacés*, 1834, t. Ier, p. 67 et suiv., pl. IV, fig. 1, 6, 7, 8, 9 et 10. *Leçons sur la physiologie et l'anatomie comparée de l'homme et des animaux*, 1859, t. V, p. 554 et suiv.

F. Oesterlein, *Ueber den Magen des Flusskrebses*, in *Müller's Archiv. für Anat. und Physiol.*, 1840, p. 390, pl. XII.

de van Helmont[1], et observé ensuite par Geoffroy le jeune[2], Réaumur[3], K.-E. von Baer[4], OEsterlein[5], Quekett[6], Lereboullet[7] et par d'autres. Quant au mécanisme du rejet de cette armature stomacale et de la couche de chitine qui tapisse intérieurement l'œsophage et l'intestin, on n'en savait rien.

Nous devons appeler aussi l'attention sur les pierres calcaires qui se trouvent sur les côtés de l'estomac et qui sont rejetées à chaque mue.

Pour donner une idée de l'opinion qu'on se formait du temps de van Helmont, soit des pierres calcaires, soit de l'armature stomacale rejetée à chaque mue, nous reproduisons le passage suivant d'après Geoffroy le jeune :

« L'opinion la plus commune sur les pierres des Ecrevisses est qu'elles se trouvent dans le cerveau des Ecrevisses de rivière ; c'était l'opinion de Gesner, d'Agricola et de Belon. Van Helmont paraît être le premier qui se soit aperçu de la présence des pierres autour de l'estomac ; mais comme il s'est rendu suspect en bien des rencontres, son sentiment n'a pas pu prévaloir sur celui qui était déjà reçu. Van Helmont avait observé que vers la mi-juin les Ecrevisses sont malades ; elles demeurent pendant neuf jours et davantage languissantes et comme mortes, et il prétend que dans cet espace de temps il se forme une nouvelle membrane qui enveloppe leur estomac, et qu'entre les deux il s'épanche une liqueur laiteuse, qui, descendant aux deux côtés, se durcit en pierrre. Cette nouvelle membrane lui semble naître de la pellicule qui se forme sur cette liqueur laiteuse, comme il a coutume de s'en former une sur du lait chaud.

« Elle devient le nouvel estomac, et le vieux qui est au dedans avec le reste de cette liqueur et les pierres mêmes, se résout peu à peu et *sert de nourriture* à l'animal pendant vingt-sept jours que du-

---

[1] Van Helmont, *Tractatus de lithiasi (Opuscula medica,* 1648, cap. VII, p. 67).

[2] Geoffroy, *Observations sur les Ecrevisses de rivière (Mém. de l'Académie des sciences,* 1709, p. 309).

[3] Réaumur, *Sur les diverses reproductions qui se font dans les Ecrevisses, etc., (Mém. de l'Acad. des sciences,* 1712, p. 239).

[4] K.-E. von Baer, *Ueber die Sogennante Erneuerung des Magens der Krebse (Muller's Archiv. für Anatom. und Physiol.,* 1834, p. 510).

[5] Oesterlein, *Op. cit. (Müller's Arch. für Anat. und Physiol.,* p. 419).

[6] Quekett, *Lectures on Histology,* 1834, t. II, p. 399.

[7] Lereboullet, *Recherches d'embryologie comparée sur le développement du Brochet, de la Perche et de l'Ecrevisse (Mém. de l'Acad. des sciences,* Paris, savants étrangers, t. XVII, 1862, p. 761).

rent ces pierres ; car alors il ne mange point et on ne lui trouve aucune autre chose dans l'estomac. »

Trois faits résultent de cette citation : 1° que les pierres de l'Ecrevisse se forment sur les parois de l'estomac et non dans le cerveau ; 2° que les pierres et les membranes du vieil estomac sont rejetées à chaque mue ; 3° qu'elles servent de nourriture à l'animal pendant la maladie que lui cause la mue.

Geoffroy reprenant la question en 1709 ne fait que confirmer les idées de van Helmont, publiées au siècle précédent, en 1648 ; il arrive aux mêmes conclusions qui lui inspiraient d'abord un peu de défiance, sans qu'il ajoute des nouvelles observations.

Geoffroy, Réaumur, K.-E. von Baer, OEsterlein, Quckett, Lereboullet, etc., ont donc établi clairement que les membranes stomacales sont rejetées à chaque mue.

Comment se fait ce rejet? on ne le disait point. Pour van Helmont, Geoffroy et Réaumur le premier estomac servait de nourriture à l'animal pendant la maladie que lui causait la mue. Nous verrons que cette assertion n'a rien de vrai n'ayant pas été fondée sur une observation exacte. Quant à la couche de chitine qui tapisse intérieurement l'œsophage et le canal intestinal, on ne savait pas exactement ce qu'elle devient pendant la mue.

Comme on le voit, le mécanisme de la mue du tube digestif des Crustacés était fort peu connu, il était nécessaire que de nouvelles observations vinssent combler les lacunes. C'est le sentiment de cette nécessité qui nous a déterminé aux recherches que nous exposons actuellement.

Auparavant il nous paraît utile de résumer en quelques lignes les connaissances embryologiques que nous possédons sur le développement de l'appareil digestif. Lorsque l'Ecrevisse, pendant le cours de son développement, se présente sous la forme d'un sac sphérique, les parois minces de ce sac sont composées d'une seule couche de cellules nucléées ; cette paroi représente le *blastoderme* vésiculaire. Le blastoderme s'épaissit sur sa face tournée vers le pédoncule de l'œuf et forme l'*aire germinative*. Bientôt après il se produit une invagination du blastoderme dans le tiers postérieur de l'aire germinative. Par cette première invagination se produit l'appareil alimentaire primitif, ou *archentère* (B. *mg*) ; et les parois de l'archentère portent le nom d'*hypoblaste* ; le reste du blastoderme formant l'épi-

derme primitif reçoit le nom d'*épiblaste* (*epb*) ou feuillet externe. Cet
état correspond à la phase de *Gastrula* et l'embryon d'Ecrevisse n'y

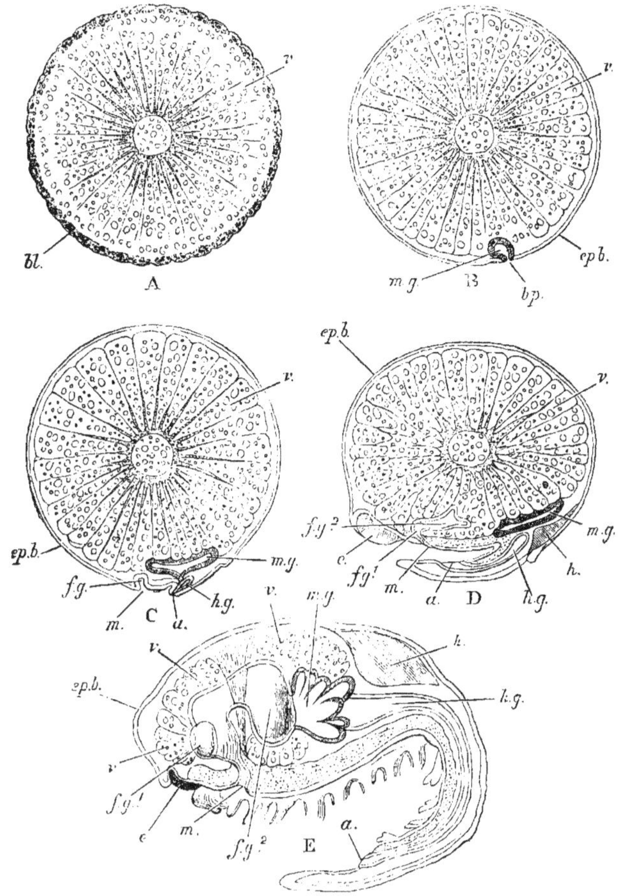

FIG. 3. — *Astacus fluviatilis*. Coupes schématiques d'embryon : en partie d'après Reichenbach,
en partie d'après Huxley (× 20). A, un œuf dans lequel le blastoderme vient à peine de se former. B, première invagination du blastoderme, qui constitue l'hypoblaste ou rudiment de l'intestin moyen. C, coupe longitudinale d'un œuf dans lequel ont apparu les rudiments de l'abdomen,
de l'intestin postérieur et de l'intestin antérieur. D, coupe semblable d'un embryon, à peu près
à la même phase de développement que celui représenté en C. E, coupe longitudinale d'un embryon qui vient d'éclore. *a*, anus; *bl*, blastoderme; *bp*, blastopore; *e*, œil; *ebp*, épiblaste;
fg, intestin antérieur; *fg'*, sa portion œsophagienne; *fg²*, sa portion gastrique; *h*, cœur; *hg*, intestin postérieur; *m*, bouche; *mg*, hypoblaste, archentère ou intestin moyen; *v*, vitellus; les
parties ponctuées en D et en E représentent le système nerveux. (D'après M. Huxley.)

demeure que peu de temps ; car l'ouverture de l'invagination primi-
tive, ou le *blastopore* (*bp*), se ferme bientôt et l'archentère prend la
forme d'un sac aplati entre l'épiblaste et le vitellus nutritif (*v*).

Au fur et à mesure que l'Écrevisse avance dans son développement, il se produit une autre invagination de l'épiblaste qui donnera lieu à l'intestin antérieur (C. *fg*). L'intestin antérieur formera, par son développement ultérieur, l'œsophage et l'estomac (D. E. *fg*¹, *fg*²), qui se mettront en communication avec l'*archentère* ou l'intestin moyen. A la même époque, il se produit une autre invagination de l'épiblaste qui couvre la face sternale de la papille abdominale. Par cette invagination se forme tout l'intestin postérieur, et celui-ci, comme l'intestin antérieur, aveugle d'abord, se met en communication avec la paroi postérieure de l'archentère ou intestin moyen. (C. D. E. *hg*.)

C'est ainsi que se forme le canal alimentaire complet, composé d'un intestin antérieur et d'un intestin postérieur, tubulaires, dérivés de l'épiblaste, et d'un intestin moyen (archentère), constitué par l'hypoblaste tout entier. Ceci explique la grande ressemblance qui existe entre l'épithélium chitinogène des téguments externes et l'épithélium qui garnit intérieurement le canal alimentaire.

Nous avons vu aussi que les couches chitineuses externes constituant le squelette tégumentaire, et les couches de chitine qui tapissent intérieurement le canal alimentaire, proviennent de l'épithélium chitinogène par le même processus.

Nous avons étudié jusqu'à présent la mue de l'épiblaste ou du feuillet externe, constituant l'enveloppe externe des Crustacés, il nous reste maintenant à étudier la mue du canal alimentaire qui, comme nous venons de le voir, est formé par l'invagination du même feuillet externe ou épiblaste. On peut prendre indifféremment un Macroure ou un Brachyure, parce qu'il n'y a entre eux aucune différence au point de vue du mécanisme de la mue de l'appareil digestif, la description donnée d'un type s'appliquera donc à tous les Crustacés Décapodes.

Le Homard (*Homarus vulgaris*) permet une étude facile; c'est au même moment où l'animal s'est dégagé de ses anciennes enveloppes qu'il rejette la couche de chitine qui tapisse intérieurement le tube digestif. Après le rejet du squelette tégumentaire, on trouve toujours la couche chitineuse qui garnit intérieurement l'estomac et l'œsophage reliée aux téguments externes. L'armature stomacale était brisée en partie, et la chose se conçoit aisément si l'on réfléchit que, pour être expulsée, elle est obligée de traverser l'œsophage, dont le diamètre transversal est de beaucoup inférieur à celui de l'esto-

mac. D'après cela, les couches chitineuses qui tapissent l'estomac et
l'œsophage sont vomies par l'animal au moment où il se dégage de
l'enveloppe chitineuse externe. Ce fait ne subit d'exception chez aucun Crustacé Décapode ; chez tous, il présente les mêmes caractères
que l'on voit chez le Homard.

Le rejet de la couche chitineuse de l'estomac et de l'œsophage par
la bouche s'explique aisément, si l'on se rappelle que l'animal, pour
se dégager de ses enveloppes, sort par l'espace laissé libre entre le
bouclier céphalothoracique qui forme la carapace et le premier anneau de l'abdomen.

Le rejet par la bouche des couches chitineuses qui tapissent l'estomac et l'œsophage, et leur union intime avec les téguments
externes, s'explique aussi par des raisons tirées du développement
de l'animal. En effet, nous avons vu que la formation de l'intestin
antérieur, c'est-à-dire de l'œsophage et de l'estomac, est due à une
invagination de l'épiblaste qui constitue, extérieurement, le squelette
tégumentaire et intérieurement la couche chitineuse de l'intestin
antérieur ; il y a donc continuité de la couche chitineuse externe
avec l'intestin antérieur.

L'estomac et l'œsophage étant rejetés par l'animal au moment de
la mue ne servent donc pas de nourriture à l'animal comme l'ont
cru Van Helmont[1], Geoffroy[2], Réaumur[3], etc.

Quant aux pierres qui se trouvent sur les parois de l'estomac, elles
tombent dans l'intérieur du nouvel estomac, où elles sont dissoutes
probablement par l'action des sucs digestifs pour se répandre dans
la lymphe de l'animal, et de là, dans les couches chitineuses molles,
qui se durcissent, quelque temps après la mue, dans un intervalle
de trois à quatre jours.

Il nous reste à nous demander ce qu'il advient de la couche chitineuse qui tapisse intérieurement l'intestin proprement dit.

Au commencement de nos observations, nous fûmes un peu em-
barrassé en ne sachant pas le sort de cette couche de chitine pendant la mue. On voyait très bien sur les carapaces rejetées des *Car-*

---

[1] Van Helmont *Op. cit.* (*Opuscula medica,* 1648, cap. vii, p. 67).

[2] Geoffroy, *Observations sur les Écrevisses de rivière* (*Mém. de l'Acad. des sciences,* 1709, p. 309).

[3] Réaumur, *Sur diverses reproductions qui se font dans les Écrevisses,* etc. (*Mém.
de l'Acad. des sciences,* 1712, p. 239).

cinus mœnas, du *Platycarcinus pagurus* et des autres Crustacés la couche de chitine qui tapisse intérieurement l'estomac et l'œsophage, tandis que nous ne retrouvions point celle qui tapisse l'intestin; l'idée nous est venue alors de faire une injection d'eau dans le moule tégumentaire rejeté; nous avons poussé l'injection par l'orifice anal de cette carapace inerte, et nous avons ainsi déplissé la membrane chitineuse revenue sur elle-même et tassée aux environs de l'orifice anal. Nous avons vu ainsi l'enveloppe intestinale, tout à l'heure masquée par son tassement même aux environs de l'anus. La couche chitineuse intestinale est donc rejetée sans perdre son lien de continuité avec le tégument externe au pourtour de l'anus.

Ce fait est plus facile à constater chez les Décapodes Macroures que chez les Brachyures.

Comment peut-on expliquer le rejet par l'anus de la couche de chitine qui tapisse intérieurement l'intestin? Les mêmes conditions que nous avons fait intervenir pour la mue de l'estomac et de l'œsophage, expliquent la mue de l'intestin telle que nous venons de l'indiquer, à savoir :

1º Une condition d'ordre physique et qui consiste en ceci qu'au moment de la mue l'animal sort de ses anciennes enveloppes par l'espace laissé libre entre le bouclier céphalothoracique qui constitue la carapace et le premier anneau de l'abdomen;

2º Une autre condition tirée du développement de l'animal. En effet, lorsque nous avons résumé les faits embryologiques concernant la formation du canal alimentaire, nous avons dit que la formation de l'intestin postérieur est due à l'invagination de l'épiblaste; que, par cette invagination, il se produit un canal étroit aveugle qui finit par se mettre en communication avec l'archentère ou intestin moyen formé par l'hypoblaste. Il suit de là que l'épiblaste, qui forme extérieurement l'enveloppe chitineuse externe, se continue par l'anus dans l'intestin postérieur jusque près de l'estomac pour former l'épithélium chitinogène intestinal et la couche de chitine qui sera rejetée par l'anus à chaque mue.

De cette manière, on conçoit aisément la continuité des téguments chitineux externes avec la couche de chitine intestinale jusque près de l'estomac et le rejet par l'anus de cette dernière couche chitineuse.

En résumé, en disant que *les Crustacés Décapodes vomissent pen-*

*dant la mue les anciennes enveloppes chitineuses de l'estomac et de l'œso-
phage, et défèquent la couche de chitine qui tapisse intérieurement l'intestin,* on caractérise le mécanisme de la mue de l'appareil alimentaire.

C. *L'accroissement des Crustacés.*

On a prétendu, et c'est l'opinion admise dans presque tous les
mémoires et les livres devenus classiques, que l'accroissement des
Crustacés avait lieu immédiatement après la mue, pendant que
le nouveau revêtement du corps de l'animal n'était pas encore
consolidé par les sels calcaires. Disons tout de suite que cette affir-
mation n'est pas confirmée par des observations rigoureuses.

L'accroissement de l'animal a lieu dans la période préparatoire de
la mue, et c'est précisément en raison de cet accroissement que les
téguments du squelette extérieur commencent à se désarticuler, ne
pouvant plus contenir l'animal devenu beaucoup plus gros que son
enveloppe.

En énonçant ce fait, que l'accroissement des Crustacés a lieu dans
la période de la mue, lorsqu'ils sont encore enfermés dans cette enveloppe durcie, qui constitue le squelette tégumentaire, on semble
soutenir un fait *paradoxal.*

L'objection qu'on peut nous opposer, c'est précisément l'existence d'une enveloppe dure qui s'oppose à tout agrandissement.

Il nous semble que la meilleure réponse à cette objection est
fournie par les faits.

En étudiant la structure des téguments dans la période préparatoire et au moment de la mue, nous avons vu à la partie interne des
téguments chitineux :

1° Une couche de cellules allongées formant l'épithélium chitinogène ; les cellules de cet épithélium prennent un développement
considérable en longueur, atteignant des proportions gigantesques
dans la période préparatoire et au moment de la mue, pour diminuer de moitié après la constitution des couches chitineuses. Nous
nous sommes assuré de ce fait en suivant ces productions à différentes époques.

2° Quelques jours avant la mue, lorsque les anciens téguments se désarticulent, on trouve déjà, à leur partie interne, les nouveaux téguments formés en partie.

La présence de l'enveloppe externe solide n'est pas, d'après cela, un obstacle insurmontable pour la formation des nouvelles couches chitineuses et pour le développement en longueur des cellules de l'épithélium chitinogène dans la période préparatoire de la mue.

Ajoutons que le foie de l'animal est beaucoup plus volumineux vers la fin de la période préparatoire de la mue qu'à toute autre époque ; le même phénomène d'accroissement se produit pour le reste de l'organisme.

Lorsque, à la suite de cet accroissement, les anciennes enveloppes deviennent incapables de renfermer l'animal, leur désarticulation ne tarde pas à se produire.

Dès l'instant où commence la désarticulation et jusqu'au rejet de l'ancien tégument, il s'écoule deux ou trois jours ; dans cet intervalle l'animal est énormément gonflé par la quantité d'eau qui traverse par endosmose les nouvelles enveloppes et s'y mêle aux liquides de l'organisme : la quantité de la lymphe est beaucoup plus considérable et moins coagulable, étant plus étendue d'eau à l'époque de la mue qu'à toute autre époque.

Beaucoup d'autres arguments militent en faveur de la théorie que nous soutenons. Il suffit de mesurer les dimensions de la carapace rejetée, et de l'animal mou immédiatement et quelque temps après la mue.

Les dimensions de l'animal mou nous étant connues, nous tâcherons de voir en prenant les mesures les jours qui suivent la mue, si l'animal gagne quelque chose en longueur et en largeur.

Voici les dimensions de la carapace du Homard (*Homarus vulgaris*) rejeté pendant la mue :

Longueur du céphalo-thorax jusqu'à l'extrémité du rostre.	0^m,119
— de l'abdomen.	0 ,116
— du dernier article de la pince droite.	0 ,121
— du dernier article de la pince gauche.	0 ,113

Le même Homard, immédiatement après la mue, présentait les dimensions suivantes :

Longueur du céphalo-thorax jusqu'à l'extrémité du rostre.	0^m,130
— de l'abdomen.	0 ,124
— du dernier article de la pince droite.	0 ,118
— du dernier article de la pince gauche.	0 ,115

On voit par les chiffres de ce tableau que l'agrandissement de l'animal pendant la période préparatoire de la mue est fort nettement établi.

En examinant les chiffres donnés, nous constatons que le Homard, au moment de la mue, avait grandi de 11 millimètres pour le céphalothorax et de 8 millimètres pour l'abdomen; quant au dernier article de la pince droite, on remarque une différence en moins de 3 millimètres, et cette différence en moins s'explique :

1° Par l'épaisseur de la couche chitineuse du dernier article de la pince en question ;

2° Par l'absence presque absolue de la lymphe dans la pince au moment de la mue.

C'est là une condition forcée, car si le dernier article de la pince en question s'était agrandi, il aurait été presque impossible que l'animal puisse retirer sa pince de l'étui qui la renferme. Ajoutons que les membranes chitineuses de la face supéro-interne du troisième et du quatrième article des pinces facilitent de beaucoup par leur élasticité la sortie des pinces.

Réaumur[1], en parlant de la mue de l'Ecrevisse (*Astacus fluviatilis*), dit : « Les pinces se fendent longitudinalement, ce qui permet la sortie des parties internes.» Pour le Homard, nous n'avons pas remarqué cette fente longitudinale.

Le même Homard, dix-sept heures après la mue, présentait les dimensions suivantes :

Longueur du céphalothorax.......................... 0^m,130
    —   de l'abdomen............................ 0 ,124
    —   du dernier article de la pince droite.......... 0 ,130
    —   du dernier article de la pince gauche.......... 0 ,129

Comme on le voit, le céphalothorax et l'abdomen n'ont rien gagné en longueur, mais en échange on remarque que les pinces se sont accrues de 12 millimètres. Cette différence en plus s'explique par l'énorme quantité de lymphe qui s'accumule dans les organes ; il s'agit ici moins d'un accroissement que d'un gonflement. Du reste, on comprendrait difficilement un accroissement aussi considérable dans l'espace de dix-sept heures.

Les dimensions du même Homard, prises le troisième, le quatrième, le cinquième et le sixième jour, restent les mêmes que le lendemain de la mue. L'animal n'avait donc rien gagné quant à ses

<hr>

[1] RÉAUMUR, *Observations sur la mue des Ecrevisses,* etc., etc. (*Mém. de l'Acad. des sciences,* 1718, p. 239).

dimensions, mais en échange il avait gagné en poids, et, en effet :

Immédiatement après la mue le Homard
 pesait............................. 500 grammes.
Le lendemain.................... 610 gr., soit une augmentation de 100 gr.
Le troisième jour.................. 619   —   9
Le quatrième jour................. 642   —   23
Le cinquième jour................. 642   —   0
Le sixième jour................... 642   —   0

Le sixième jour l'animal est malade, et dans le milieu de la journée on le trouve mort. En le disséquant, on trouve dans l'estomac un nombre considérable de petits prismes calcaires ; ce sont les matières de réserve inorganiques qui n'ont pas été dissoutes.

Un deuxième Homard présentait les dimensions suivantes :

	Ancienne enveloppe rejetée pendant la mue.	Homard. trois heures après la mue.	Accroissement.
Longueur du céphalo-thorax............	0m,119	0m,125	0m,006
— de l'abdomen.................	0 ,120	0 ,126	0 ,006
— du dernier article, pince droite.	0 ,122	0 ,140	0 ,018
— du dernier article, pince gauche	0 ,129	0 ,142	0 ,012

Troisième Homard :

Longueur du céphalothorax..............	0 ,146	0 ,153	0 ,007
— de l'abdomen..	0 ,150	0 ,153	0 ,003

Les jours qui suivent les dimensions de l'animal ne changent pas. On voit, de tous ces tableaux, que nous n'avons pas donné les dimensions du Homard en largeur, pour la raison que la moitié postérieure de la carapace, formée par les épimères extrêmement développés, étant molle, la largeur de l'animal était très variable quand on le mettait sur une table pour prendre les mesures.

Nous avons rencontré pour les Brachyures les mêmes faits que nous avons vus pour le Homard.

	Carapace rejetée pendant la mue.		Carapace molle immédiatement après la mue.		Agrandissement. de l'animal au moment de la mue.	
	Long.	Larg.	Long.	Larg.	Long.	Larg.
1° Carcinus mœnas.	0m,025	0m,033	0m,030	0m,038	0m,005	0m,005
2° Id...............	0 ,031	0 ,040	0 ,035	0 ,045	0 ,004	0 ,005
3° Platycarcinus pagurus.	0 ,019	0 ,028	0 ,023	0 ,035	0 ,034	0 ,007
4° Id.	0 ,039	0 ,053	0 ,043	0 ,070	0 ,004	0 ,013
5° Id.	0 ,048	0 ,077	0 ,057	0 ,0905	0 ,009	0 ,0135
6° Id...............	0 ,036	0 ,056	0 ,046	0 ,074	0 ,010	0 ,018
7° Id.	0 ,064	0 .105	0 ,078	0 ,128	0 ,014	0 ,023
8° Xantho...............	0 ,016	0 ,022	0 ,017	0 ,024	0 ,001	0 ,002
9° Id...............	9 ,016	0 ,023	0 ,0185	0 ,0265	0 ,0025	0 ,0035
10° Id...............	0 ,021	0 ,030	0 ,024	0 ,034	0 ,003	0 ,004

En prenant les mesures de la nouvelle carapace dans les jours qui suivent la mue, on ne pouvait constater aucune différence en plus.

Pour les Araignées de mer (*Maïa squinado*), nous ne pouvons pas donner les dimensions de l'animal immédiatement après la mue, par cette même raison que nous avons donnée pour le Homard mou.

Par la simple inspection on pouvait constater une grande différence entre l'ancienne carapace rejetée et l'animal mou.

Tous les faits que nous venons d'exposer ont pu être observés par les personnes qui se trouvaient au laboratoire de Roscoff lorsque nous faisions nos observations sur le mécanisme de la mue des Crustacés.

Conclusion. — L'étude des téguments dans la période préparatoire de la mue, les mesures de la carapace rejetée, la mensuration comparative de l'animal immédiatement et quelque temps après la mue, démontrent clairement *que l'accroissement des Crustacés a lieu dans la période préparatoire de la mue et non après cette opération.*

Le fait paradoxal que nous avons énoncé reçoit donc son explication.

<hr>

CHAPITRE V.

A. RECHERCHES EXPÉRIMENTALES SUR LE GLYCOGÈNE, COMME MATIÈRE DE RÉSERVE PENDANT LA MUE, CHEZ LES CRUSTACÉS DÉCAPODES.

Les recherches histochimiques sur les téguments des Crustacés supérieurs, dans la période préparatoire et pendant la mue, nous ont permis de constater la présence, en grande abondance, de la matière glycogène renfermée dans les cellules volumineuses du tissu conjonctif. Nous avons été amené à chercher cette matière dans les autres parties du corps de ces animaux.

Par analogie avec ce que l'on sait des animaux supérieurs, nous nous sommes adressé d'abord au foie. Nous avons examiné ensuite la lymphe et les autres organes; nous nous proposions de savoir si la fonction glycogénique est, au moment de la mue, localisée ou non dans le foie.

Nous indiquerons d'abord le procédé opératoire dont nous nous sommes servi dans le courant de nos expériences.

Procédé. — Pour extraire le glycogène renfermé dans le foie, nous avons eu recours au procédé Claude Bernard. A cet effet, on jette le foie du crustacé, divisé en petits fragments, dans une capsule en porcelaine contenant de l'eau à l'ébullition ; on ajoute au liquide chaud une petite quantité de noir animal[1] lavé, destiné à retenir les matières colorantes ainsi que la plus grande portion des substances albuminoïdes. On jette ensuite le tout sur un filtre, et l'on recueille un liquide blanchâtre, lactescent, qui renferme le glycogène avec un peu de sucre.

Pour séparer le glycogène du sucre, on ajoute à la liqueur environ les deux tiers de son volume d'alcool à 90 degrés ; la matière glycogène se précipite en *flocons blancs*, et le sucre reste en dissolution dans le liquide alcoolique affaibli.

Le précipité blanc, recueilli sur un filtre, lavé à plusieurs reprises avec l'alcool et desséché ensuite à l'étuve, se présente sous la forme d'une matière blanche granuleuse.

La matière blanche est du *glycogène brut ;* elle contient encore des produits azotés, qu'on peut mettre en évidence en chauffant avec de la potasse. On constate alors une odeur caractéristique de méthylamine.

On peut avoir le glycogène exempt d'azote : pour cela, on fait bouillir la substance obtenue avec une solution concentrée de potasse pendant une demi-heure environ, jusqu'à ce qu'ait cessé tout dégagement de méthylamine ; on neutralise la potasse par l'acide acétique, et l'on précipite par l'alcool absolu ; on a alors le glycogène sensiblement pur. Le précipité est recueilli sur un filtre, lavé à plusieurs reprises par l'alcool absolu et desséché à l'étuve ; on obtient ainsi une matière blanche dont on peut étudier les propriétés physiques et chimiques.

Constatation des propriétés de la matière glycogène. — La matière obtenue et purifiée d'après les procédés qui viennent d'être indiqués présente les caractères suivants : couleur blanche, saveur sucrée, consistance granuleuse, aspect de la solution aqueuse opalescent.

---

[1] Le noir animal retient, comme on le sait, une certaine quantité de glycogène, proportionnelle à la masse de charbon employée. Ici la quantité de glycogène retenu est négligée parce qu'il s'agit, non d'un dosage, mais de l'extraction d'une matière assez abondante.

Lorsque l'on fait en une dissolution aqueuse assez concentrée et qu'à cette dissolution on ajoute de la teinture d'iode, il se produit une coloration rouge vineux caractéristique, identique à celle que produit, dans les mêmes conditions, le glycogène des animaux supérieurs.

Si l'on en délaye une petite quantité dans de la salive, on constate, au bout d'un temps très court, au moyen de la liqueur cupropotassique, sa transformation en sucre.

Enfin, l'ébullition de cette matière avec l'acide sulfurique étendu la transforme entièrement en glucose.

Toutes ces propriétés sont bien celles du glycogène. Toutefois, comme certaines dextrines les possèdent également, nous avons voulu pousser plus avant l'étude de ce produit, en recourant, pour cela, aux procédés employés dans ces derniers temps par divers expérimentateurs [1].

Les recherches de O'Sullivan et celles plus récentes de MM. Musculus et de Mering ont démontré, comme on sait, que, contrairement à ce que l'on admettait généralement, l'empois d'amidon, traité par la diastase animale ou végétale, ne donne pas simplement du glucose, mais un mélange de dextrines réductrices, de maltose et de glucose.

Les deux derniers chimistes que nous avons nommés ont constaté, en outre, que le glycogène (amidon animal, Cl. Bernard) se transforme sous l'influence du même ferment en les mêmes produits.

Ainsi donc, le glycogène, soumis à l'action de la diastase, donne naissance, de même que l'empois d'amidon, aux trois corps suivants : *dextrines réductrices, maltose* et *glucose.*

Il eût été intéressant de voir si notre matière glycogénique, traitée par le ferment diastasique, donnait les mêmes produits de dédoublement que le glycogène (du chien), examiné par les auteurs précités.

Malheureusement, la quantité de matière dont nous disposions

---

[1] O'Sullivan, *Sur les produits de la transformation de l'amidon* (*Bulletin de la Société chimique*, Paris, 1880, t. XXXII, p. 493-499).

Musculus et Gruber, *Sur l'amidon* (*Bulletin de la Société chimique*, t. XXX, p. 54).

Musculus et de Mering, *De l'action de la diastase de la salive et du suc pancréatique sur l'amidon et sur le glycogène* (id., t. XXI, p. 105-116).

E. Bourquelot, *Recherches expérimentales sur l'action des sucs digestifs des Céphalopodes sur les matières amylacées et sucrées*, Paris, 1882, et *Arch. de zoologie expérimentale*, t. X.

était trop faible pour nous permettre de conduire à bien ces recherches ; il y avait, d'ailleurs, une autre manière de résoudre le pro-
blème.

En effet, si l'on traite par un excès de diastase et dans un excès de
temps, c'est-à-dire de manière à parfaire l'action chimique, une certaine quantité de glycogène, on communique à cette matière, relativement à la liqueur cupropotassique, un pouvoir réducteur qui ne
variera qu'avec la quantité de glycogène et proportionnellement à
cette matière.

Ce pouvoir réducteur peut, d'ailleurs, être comparé à celui qu'aurait acquis la même quantité de matière transformée totalement en
glucose. Ce dernier pouvoir s'établira soit théoriquement, d'après
l'équation de dédoublement du glycogène en glucose, soit, et mieux,
en transformant totalement un poids donné de glycogène en glucose
par l'action suffisamment prolongée de l'acide sulfurique étendu,
comme l'ont fait M. Seegen[1], pour le glycogène des animaux, et
M. Bourquelot[2], pour l'amidon végétal.

MM. Musculus et de Mering n'ont pas négligé ce côté de leurs recherches. Représentant par 100 le pouvoir réducteur fixe, c'est-à-dire
celui qu'aurait acquis un certain poids de glycogène transformé totalement en glucose, ils ont trouvé, pour le pouvoir réducteur d'un
même poids de glycogène traité par la diastase animale, des chiffres
compris entre 36 et 46.

Nous avons soumis aux mêmes recherches[3] la matière glycogène
des Crustacés Décapodes, obtenue et purifiée comme on l'a dit précédemment.

Expérience I. — On traite 10 centigrammes de glycogène par 3 centimètres cubes de salive ; après quarante-huit heures de contact,
l'examen du produit avec la liqueur cupropotassique nous a donné,
comme pouvoir réducteur, le chiffre de 33.

Expérience II. — M. Bourquelot ayant mis à notre disposition quelques décigrammes de ferment extrait du foie de Poulpe, nous avons
traité 10 centigrammes de glycogène par 5 centigrammes de ce fer-

---

[1] SEEGEN, *Ueber die Unmondlung von Glycogen durch Speichel-und Pancreas ferment*
(*Archiv. für die gesammte Physiologie von Flüger*, t. XIX, pl. 106).

[2] Em. BOURQUELOT, *loc. cit.*, p. 32.

[3] Nous avons été aidé dans ces recherches par le concours bienveillant de notre
excellent ami M. Em. Bourquelot, pharmacien en chef de la clinique d'accouche-
ment, que nous prions de bien vouloir agréer ici nos remerciements.

ment ; après deux jours de contact, l'examen du produit nous a donné, comme pouvoir réducteur, le chiffre de 46.

Cette deuxième expérience a son intérêt, puisque, comme on le sait, les Crabes constituent la nourriture ordinaire des Poulpes.

Nous avons répété un grand nombre de fois ces expériences, et l'examen du produit nous a donné, comme pouvoir réducteur, des chiffres variant entre 33 et 46.

Conclusions. — Il résulte des recherches qui viennent d'être exposées et de celles qui vont suivre que :

1° La matière blanche que l'on extrait, par les procédés indiqués, du foie, de la lymphe et des ovaires pendant la mue et à des époques éloignées, représente, par ses propriétés physiques et chimiques, le glycogène ;

2° Le glycogène des Crustacés est identique à celui des animaux supérieurs.

Pour l'analyse qualitative du sucre renfermé dans le foie, nous nous sommes servi de la liqueur de Fehling. Le procédé employé était le suivant : on traite par l'eau bouillante le foie récemment extrait d'un Crustacé, on ajoute à la liqueur du noir animal destiné à retenir les matières albuminoïdes et les matières colorantes, et l'on filtre ensuite la liqueur hépatique.

Le liquide clair ainsi obtenu est rassemblé dans une pipette graduée. D'autre part, on verse dans un tube de verre un centimètre cube de la liqueur bleue titrée, à laquelle on ajoute un peu d'eau distillée. On fait bouillir à la flamme d'une lampe à alcool ou d'un bec de gaz.

Lorsque la liqueur bleue entre en ébullition, on verse goutte à goutte la solution sucrée jusqu'à décoloration complète. On peut juger de la quantité de sucre renfermé dans la solution en lisant le nombre de divisions de la burette graduée.

Expérience III. — 26 mai 1881. On prépare une décoction hépatique du foie de *Platycarcinus pagurus* de taille moyenne ; la liqueur hépatique filtrée, après avoir passé sur du noir animal, est *opalescente.* On ajoute à cette liqueur environ deux tiers de son volume d'alcool à 90 degrés ; on a un abondant précipité floconneux blanc.

Au moment de l'extraction du foie, on avait constaté que la nouvelle carapace était formée en partie, ce qui indiquait que l'animal se trouvait dans la période préparatoire de la mue.

La liqueur alcoolique, examinée au point de vue du sucre, montre la présence d'une très petite quantité de cette matière.

Expérience IV. — 30 mai. On prend le foie de deux *Platycarcinus pagurus* de petite taille. On fait bouillir un poids de quatorze grammes de foie mêlé avec de la lymphe ; la liqueur hépatique, décolorée par le noir animal lavé, et ensuite filtrée, est *peu opalescente*. Si l'on ajoute de l'alcool à 90 degrés, on obtient un précipité de matière blanche.

Expérience V. — 31 mai. *Carcinus mœnas* mou. La liqueur hépatique, préparée selon les procédés indiqués, est peu opalescente. Si l'on ajoute de l'alcool à 90 degrés, on n'obtient que le lendemain un petit précipité de matière blanche.

Expérience VI. — 1er juin. On prend le foie de deux *Carcinus mœnas* qui avaient mué depuis douze heures. On remarque les mêmes caractères pour la liqueur hépatique que dans l'expérience n° V, à savoir : liqueur peu opalescente ; l'alcool donne un précipité blanc très peu abondant.

Expérience VII. — 9 juin. *Carcinus mœnas* avant la mue. La liqueur hépatique de deux foies du *Carcinus mœnas* pris avant la mue est *claire* lorsqu'on l'a filtrée. L'analyse avec la liqueur de Fehling montre la présence du sucre.

Expérience VIII. — 10 juin. *Platycarcinus pagurus* dépouillé de sa carapace depuis quelque temps ; la nouvelle enveloppe n'était pas complètement consolidée. La liqueur hépatique, passée sur du noir animal et filtrée ensuite, est *opalescente* ; traitée par l'alcool à 90 degrés, elle dépose au fond de l'éprouvette, après quelque temps, une matière blanche en assez grande abondance pour être recueillie sur le filtre et séchée à l'étuve pour un examen ultérieur.

Expérience IX. — 11 juin. On traite par l'eau bouillante le foie d'un Tourteau (*Platycarcinus pagurus*) de taille moyenne (les plus grands que l'on trouve à marée basse). La solution hépatique filtrée est *claire* ; avec l'alcool elle ne donne pas de précipité. La solution hépatique est analysée au point de vue du sucre : on voit qu'il faut verser jusqu'à 40 centimètres cubes de la liqueur sucrée pour décolorer un centimètre cube de la liqueur de Fehling.

Expérience X. — 13 juin. On apporte de la grève deux *Maïa squinado*, un mâle et une femelle. On prend le foie de la femelle, qui pèse 16 grammes ; on le fait bouillir dans 50 centimètres cubes d'eau. La liqueur hépathique après avoir été passée sur du noir animal et ensuite filtrée, donne 43 centimètres cubes d'un liquide clair. En traitant par l'alcool on n'obtient pas de précipité de glycogène.

En l'examinant au point de vue du sucre, on voit dans une première analyse qu'il faut soixante-dix-sept divisions pour décolorer complètement un centimètre cube de la liqueur de Fehling.

Dans une seconde analyse on doit verser jusqu'à quatre-vingts divisions pour la même quantité de liqueur de Fehling.

Expérience XI. — 13 juin. *Maïa squinado* (mâle). On prend 17 grammes de foie que l'on jette dans l'eau bouillante; après deux filtrations sur du noir animal on obtient 45 centimètres cubes d'une liqueur parfaitement *claire*. En l'examinant au point de vue du sucre, on voit dans une première analyse qu'il faut cent dix-sept divisions de la liqueur sucrée pour décolorer un centimètre cube de la liqueur de Fehling.

Dans une seconde analyse il faut cent dix divisions pour décolorer la même quantité de la liqueur bleue.

Expérience XII. — 14 juin. On apporte de la grève au laboratoire un grand Tourteau (*Platycarcinus pagurus*) et l'on procède immédiatement à la recherche du glycogène et du sucre.

La carapace de l'animal ne présentait pas la désarticulation du tergum d'avec les épimères, laquelle est un signe précurseur de la mue. Le foie est très volumineux et d'une couleur jaune orangée. On prend 8 grammes de foie, qui sont jetés dans l'eau bouillante; la liqueur hépatique est passée trois fois sur du noir animal et l'on obtient 46 centimètres cubes d'un liquide *opalescent*.

Une partie de ce liquide est traitée par l'alcool à 90 degrés et l'on obtient un précipité floconneux blanc; trois ou quatre heures suffisent pour que le précipité se dépose au fond de l'éprouvette sous la forme d'une matière blanche. On analyse ensuite le reste de la liqueur hépatique opalescente au point de vue de la présence du sucre et l'on voit qu'il faut trois cent dix divisions de la burette pour décolorer à peine 1 centimètre cube de liqueur bleue.

Expérience XIII. — 15 juin. On prend 10 grammes de foie provenant de deux Tourteaux récemment apportés de la grève.

Ces Tourteaux se trouvaient dans les mêmes conditions que celui de l'expérience X, c'est-à-dire à une période antérieure à la mue. La liqueur hépatique, passée trois fois sur du noir animal, devient *opalescente*; on lui ajoute environ les deux tiers de son volume d'alcool à 90 degrés et l'on obtient un abondant précipité, qui se dépose au fond du vase sous la forme d'une matière blanche. Le précipité ainsi formé est en assez grande abondance pour être recueilli et étudié ultérieurement.

Des analyses consignées dans les expériences III, IV, V, VI, VII, il résulte que le foie des *Carcinus mœnas* et des *Platycarcinus pagurus* dans la période préparatoire et pendant la mue, renferme du glycogène en plus ou moins grande abondance, tandis que le sucre est extrêmement rare.

Il reste à comprendre l'absence du glycogène dans le foie des Crabes communs et des Crabes Tourteaux, consignée dans les expériences VII et IX. On observe le même fait dans les expériences X et XI sur deux *Maïa squinado*.

Ces animaux, au moment où nous faisions nos analyses, ne présentaient aucun signe d'une mue prochaine. Cependant d'autres Crabes Tourteaux, se trouvant dans les mêmes conditions, c'est-à-dire sans présenter la désarticulation du tergum d'avec les épimères, ont montré la présence en abondance du glycogène dans leur foie et coïncidant avec l'absence presque complète du sucre.

La présence du glycogène dans le foie des Tourteaux rapportés dans les expériences XII et XIII s'explique par ce fait, que ces animaux se trouvaient dans la période préparatoire de la mue ; on voyait sous la carapace la nouvelle enveloppe en voie de formation. Ce qui est plus difficile à comprendre pour le moment, c'est l'absence du glycogène dans le foie des *Maïa squinado*. Il faut dire qu'à l'époque où nous faisions ces analyses on ne trouvait aucun *Maïa* en état de mue, tandis que les Crabes communs, les Crabes tourteaux, les *Portunus puber* se trouvaient en pleine période de la mue.

Expérience XIV. — 19 juillet. Homard qui a mué dans la matinée dans un grand aquarium du laboratoire. On prend 17 grammes de foie que l'on jette dans l'eau bouillante. Le liquide verdâtre est passé à plusieurs reprises sur du noir animal ; on obtient ainsi un liquide *opalescent* donnant avec l'alcool à 90 degrés un précipité blanc très abondant, qui se dépose au fond du vase.

L'étude ultérieure de ce précipité blanc nous a montré que c'était du glycogène. Une partie de la liqueur hépatique est analysée au point de vue du sucre ; il faut plus de 250 divisions pour décolorer 1 centimètre cube de la liqueur bleue.

Il résulte de là que le glycogène est en abondance et le sucre en petite quantité pendant la mue.

Expérience XV. — 12 août. On prend le foie de deux *Maïa squinado* (femelles), rapportés la veille de la baie de Pempoul ; on les jette dans l'eau bouillante. Après avoir fait passer la liqueur hépatique, à plusieurs reprises, sur du noir animal à gros grains, on obtient un liquide *très opalescent*, qui donne, avec l'alcool à 90 degrés, un *précipité extrêmement abondant de matière blanche.*

Nous avons répété cette expérience un grand nombre de fois sur des Maïa qui ne s'étaient pas dépouillés de leurs enveloppes, et sur des Maïa qui se trouvaient pendant et après la mue, et dont la carapace n'était pourtant pas complètement durcie ; dans les deux cas, nous avons toujours trouvé le glycogène en très grande abondance dans le foie de ces animaux.

Nous avons profité de cette circonstance pour nous procurer du glycogène en quantité suffisante pour en étudier ensuite les propriétés.

Il nous faut dire quelques mots de la présence du glycogène en grande quantité dans le foie des Maïa.

Dans le mois de juin, nous n'avons rencontré aucun Maïa qui renfermât dans son foie la substance blanche qu'un examen ultérieur nous a appris être du glycogène. La présence de cette substance dans le foie de ces animaux au mois d'août coïncidait avec la mue. Il était indifférent de prendre des animaux dont la carapace fût durcie ou molle ; on trouvait toujours le glycogène en grande quantité.

Ce fait nous permet de comprendre la présence du glycogène dans le foie des Tourteaux consignés dans les expériences XII et XIII, lorsque leur carapace ne présentait encore aucune trace de désarticulation, c'est-à-dire aucun signe précurseur d'une mue prochaine. Si les Tourteaux renfermaient du glycogène en abondance dans le foie, c'est qu'ils se trouvaient dans la période préparatoire de la mue. Si, dans les expériences X et XI, les analyses ne nous ont pas fait voir la présence du glycogène dans le foie des Maïa vers le 13 juin et les jours précédents, c'est la preuve que ces animaux n'avaient pas encore commencé à se préparer pour la mue.

Nous avons fait un plus grand nombre d'examens du foie des Crustacés dans la période préparatoire et pendant la mue ; tous nous ont donné des résultats concordants. Ils obligent à admettre la conclusion suivante : *la présence du glycogène en grande quantité dans le foie des Crustacés coïncide avec la mue de ces animaux.*

A ce point de vue, nos recherches sont confirmatives de celles de Claude Bernard sur le même sujet.

Il se dégage de ces études une conclusion importante : depuis les travaux de Hoppe Seyler [1] et Krukenberg[2] sur le foie des Crustacés, on admet que la glande en question serait un pancréas comparable jusqu'à un certain point au pancréas des Vertébrés. Sans entrer dans des détails étrangers à notre sujet, nous dirons que *la glande en question, outre d'autres fonctions qui lui ont été reconnues par les auteurs précités, possède aussi la propriété de produire du glycogène en grande abondance pendant la mue.*

Nous avons voulu nous assurer si la fonction glycogénique est limitée au foie ou bien si elle est diffuse et en ce cas comparable à ce qu'elle est chez les fœtus des mammifères et les embryons de poulet (Cl. Bernard) ; à cet effet, nous avons cherché le glycogène dans la lymphe et dans les autres tissus.

Les examens de la lymphe des Homards, des Langoustes et des Maïa, au point de vue du glycogène dans la période préparatoire et pendant la mue, nous ont montré la présence de cette substance en moindre abondance que dans le foie.

Les études histochimiques des téguments nous ont montré aussi la présence des granulations renfermées dans des cellules volumineuses dont nous avons précisé la place ; les autres tissus, et en particulier le tissu musculaire, en sont également imprégnés. Ceci nous amène à la conclusion que *la fonction glycogénique, chez les Crustacés, est diffuse et se présente dans les mêmes conditions qu'à l'état embryonnaire chez les Ruminants et le Poulet.* Ce rapprochement que nous faisons, entre la condition physiologique de la mue et celle de l'état embryonnaire, est corroboré par ce que l'on sait de la constitution des nouvelles enveloppes : *nous sommes donc autorisé à regarder le glycogène comme une matière de réserve organique ;* comme telle, elle fournit des matériaux à la nutrition des tissus.

---

[1] Hoppe Seyler, *Ueber Unterschiede im chemischen Bau und der Verdauung höherer und niederer thiere* (*Arch. für die gesammte Physiologie de Plüger*. Bd. XIV, 1877, p. 395).

[2] Krukenberg, *Beitr. z. Kenntniss der Verdauungsvorgänge* et *Zur Verdauung bei den Krebsen* (*Unters der Physiol. Instituts der Univ. Heidelberg*, Bd. II).

Entrons dans le détail du phénomène : nous avons montré que dans la période préparatoire et pendant la mue les cellules cylindriques de la couche chitinogène prennent un développement considérable pour diminuer ensuite. Cet accroissement des éléments, qui produisent par l'épaississement successif de leur paroi supérieure les nouvelles couches chitineuses, est en relation évidente avec l'apparition du glycogène.

Quant à l'évolution ultérieure de cette matière glycogène, nous n'en savons rien de précis. Cependant, M. Schmidt (de Dorpat) et M. Berthelot [1] ont montré que la chitine des Crustacés contient un principe appartenant au même groupe que la cellulose et le ligneux ; cette matière, sous l'influence de l'acide sulfurique, peut, comme le ligneux, se transformer en un corps analogue à la glucose.

Claude Bernard [2] disait à ce propos : « Sans trop forcer la métaphore, on pourrait dire que les Crustacés sont enveloppés d'une carapace de bois. »

La production du glycogène chez les Crustacés, dans la période qui précède la mue est en rapport avec une alimentation suffisante. Nous avons remarqué le fait suivant : les Crabes qui se trouvaient dans le voisinage du port changeaient plus souvent de carapace que ceux qu'on trouvait à marée basse dans des endroits éloignés des villages. Les premiers étaient mieux nourris ; ils trouvaient en abondance dans le port les restes d'intestins des poissons jetés à la mer par les pêcheurs.

Nous avons fait la contre-épreuve : nous avons mis dans un grand aquarium une trentaine de Crabes à qui l'on ne donnait de ration que tous les trois ou quatre jours, l'eau étant constamment renouvelée. Pendant un mois et demi, nous n'avons eu aucun Crabe qui ait changé de carapace ; cependant à l'époque où nous faisions cette expérience, on trouvait à chaque instant à la marée basse des Crabes qui se dépouillaient de leurs enveloppes.

Pour compléter notre étude de la fonction glycogénique, il fallait chercher le glycogène pendant l'hiver, à des époques éloignées de la mue et voir si l'on retrouverait ou non cette matière.

---

[1] BERTHELOT, *Sur la transformation en sucre de la chitine et de la Tunicine* (*Journal de Physiologie*, 1859, t. II, p. 577).

[2] Cl. BERNARD, *Leçons sur les phénomènes de la vie*, 1879, t. II, p. 113.

A cet effet, nous avons examiné des Homards et des grands Tourteaux vivants, que l'on trouve sur les marchés de Paris.

Expérience XVI, 3 février 1882. — Homard vivant venant de Cherbourg. On traite le foie par l'eau bouillante, on fait passer le liquide à plusieurs reprises sur du noir animal à gros grains et l'on obtient une liqueur hépatique *opalescente;* on ajoute à cette liqueur environ deux tiers de son volume d'alcool à 90 degrés et l'on voit se former un précipité floconneux, qui se dépose au bout de quelques heures au fond du vase.

L'étude ultérieure de cette substance purifiée des matières azotées par les procédés que nous avons mentionnés, nous a montré : la coloration rouge vineux avec l'iode, la transformation par l'action de la salive en un corps sucré réduisant la liqueur de Fehling et fermentant en présence de la levure de bière ; nous sommes en droit de conclure que la substance blanche en question était du glycogène.

Expérience XVII, 10 février. — *Platycarcinus pagurus* vivant, de grande taille, pris sur les marchés de Paris.

On traite par l'eau bouillante d'un côté le foie et d'un autre côté les ovaires ; on obtient ainsi deux liqueurs qui, étant passées à plusieurs reprises sur du noir animal à gros grains, sont *opalescentes*. On ajoute à chaque liqueur environ deux tiers de son volume d'alcool à 90 degrés et l'on obtient pour chacune un précipité floconneux. Le précipité floconneux des deux liqueurs, hépatique et ovarique, se dépose au bout de quelque temps au fond du vase, sous la forme d'une matière blanche granuleuse ; il est en assez grande abondance pour être recueilli et étudié ensuite.

A quoi faut-il attribuer la présence du glycogène dans le foie des Homards et des Tourteaux pendant l'hiver ? Disons tout de suite que les animaux ne se trouvaient pas dans la période préparatoire de la mue. L'examen des tissus nous a montré que les cellules de l'épithélium chitinogène n'étaient pas agrandies.

On serait tenté d'expliquer la présence de cette matière par l'action du froid, qui rend inefficace l'action du ferment destructeur du glycogène ; on assimilerait alors cet état avec l'hibernation des animaux supérieurs ; mais il n'est pas prouvé que les Crustacés hibernent. On sait que les animaux marins se déplacent à différentes époques en suivant les courants chauds, circonstance qui a précisément pour effet d'éviter l'hibernation.

Pour éclairer la question, il fallait suivre les mêmes animaux à différentes époques. Nous avons donc repris les expériences au mois de mai, époque éloignée de la mue, pour les animaux en expérience.

Expérience XVIII. — 10 mai. *Palinurus vulgaris* (Langouste) bien vivant, apporté des Halles. On traite le foie et les ovaires par la méthode ordinaire, et l'on trouve du glycogène en faible quantité.

Expérience XIX. — 10 mai. On prend le foie et les ovaires de deux *Maïa squinado*, et l'on trouve du glycogène.

L'expérience, répétée le lendemain sur des Langoustes et des Maïa vivants, nous a donné les mêmes résultats.

Quelle est la conclusion de ces expériences? On ne peut faire intervenir, pour l'explication du phénomène, ni l'action du froid ni l'approche de la mue. Nous avons appris que les Maïa ne se dépouillent pas de leurs enveloppes avant le commencement du mois d'août, et les Langoustes avant le commencement du mois de juillet. On ne constate non plus aucun caractère qui puisse indiquer que les animaux en expérience se seraient trouvés dans la période qui précède la mue.

Peut-on accuser un état asphyxique ou demi asphyxique? ces animaux étant tirés de la mer depuis environ trente-six à quarante-huit heures. Nous ne le croyons pas, pour la raison que les Crustacés, comme par exemple les Maïa, les Crabes Tourteaux, les Homards et les Langoustes, peuvent se conserver hors de l'eau assez longtemps, si l'on a soin de les maintenir dans des endroits humides ; la disposition spéciale de l'appareil respiratoire empêche la dessiccation rapide des branchies.

L'asphyxie, d'ailleurs, aurait produit l'effet contraire, c'est-à-dire la disparition du glycogène et du sucre. A l'appui de cette assertion, nous pouvons citer l'expérience de Claude Bernard sur le foie de la Carpe [1] en demi-asphyxie, qui ne contenait plus ni glycogène ni sucre.

Il nous semble plus naturel d'admettre un ralentissement dans la nutrition et dans l'usure du matériel organique, pendant l'hiver et au commencement du printemps ; le glycogène ne serait pas complètement utilisé.

Nous avons tenté plusieurs expériences pour savoir si la propriété

[1] Cl. Bernard. *Leçons sur les phénomènes de la vie*, 1879, t. II, p. 99.

de reproduction des tissus présentait la même intensité pendant la saison froide que pendant la belle saison. Nous avons enlevé une patte à plusieurs Écrevisses au commencement du mois de novembre 1881. Après cinq mois d'attente, aucun néoplasme n'avait apparu à la place de la patte enlevée, si ce n'est une production membraneuse arrêtant l'hémorrhagie. On sait pourtant que les Crustacés ont la faculté de reproduire les pattes enlevées ou cassées avec une grande rapidité. Cette reproduction n'a lieu que pendant l'été et à l'époque du changement des téguments.

Durant notre séjour au laboratoire de Roscoff, nous avons eu l'occasion plus d'une fois de constater cette activité de reproduction des pattes.

Afin que l'expérience fût plus démonstrative, nous avons extrait de petits morceaux de la carapace, tout en conservant le tissu chitinogène sous-jacent ; l'opération fut faite au mois de janvier sur plusieurs Écrevisses ; on couvrait ensuite la plaie avec du collodion. Après trois mois d'attente, rien ne s'était formé à la place des parties enlevées.

Le résultat négatif de toutes les expériences de ce genre prouve que la faculté de reproduction des téguments chez les Écrevisses, pendant la saison froide, est faible. Cette inaction est en rapport avec un ralentissement dans le fonctionnement de l'organisme, causé par l'engourdissement des animaux ; car s'il n'est pas démontré que les Crustacés marins hibernent, nous pouvons affirmer que les Écrevisses hibernent réellement. Ces animaux, conservés dans des grands cristallisoirs, au milieu d'un courant d'eau continuellement renouvelée, restaient engourdis pendant plusieurs jours, lorsque la température de l'eau était abaissée.

Pour revenir à la matière glycogène, disons que sa disparition temporaire coïncide avec la plus grande activité organique qui précède la période préparatoire de la mue, comme nous le démontrent les expériences VI, IX et XI.

La présence du glycogène dans les tissus des Crustacés presque à toutes les époques, *nous amène à généraliser la fonction glycogénique pour ces animaux, comme pour les animaux supérieurs.*

Claude Bernard, à la suite de ses expériences, avait conclu que « l'appareil glycogénique est, chez les Crustacés, un organe temporaire, embryonnaire, n'existant qu'à l'époque de la mue [1]. » Les faits que nous venons de rapporter montrent que cette fonction est plus générale qu'on ne le croyait.

Pendant la mue, la matière glycogénique est en plus grande abondance qu'à toute autre époque. Nous sommes donc en droit de la considérer comme une *réserve organique* qui sera utilisée pour les nouvelles formations.

B. *Matières de réserve inorganiques.*

À l'époque de la mue, lorsque le squelette tégumentaire va être rejeté, celui qui doit le remplacer est tout à fait mou.

Cet état ne dure pas longtemps, car après trois ou quatre jours les nouvelles enveloppes commencent à durcir, et après ce temps elles sont tellement consistantes, qu'on hésiterait à affirmer si l'on se trouve ou non en présence d'un Crustacé qui vient de muer.

Il était tout naturel de rechercher l'origine des matériaux employés à ce durcissement rapide des téguments. C'est à une époque relativement récente que la question a reçu quelque éclaircissement.

On s'est aperçu que sur les parois latérales de la portion cardiaque de l'estomac de l'Ecrevisse il y avait deux masses discoïdes de nature calcaire (carbonates et phosphates); elles ont reçu le nom de pierres de l'estomac ou *Gastrolithes* (Huxley), ou *yeux d'Ecrevisse.*

On a remarqué ensuite que l'apparition de ces productions calcaires coïncide avec la mue. Geoffroy[2] et Réaumur[3] n'ont pas hésité à penser que les yeux d'Ecrevisse, de concert avec les matériaux de l'estomac rejeté, servent de nourriture à l'animal pendant la mue.

D'autres auteurs[4] n'ont attribué aucune signification à ces Gastrolithes, parce qu'ils prétendaient avoir observé qu'ils sont expulsés par l'œsophage ou bien qu'ils sortent par une déchirure de la paroi

---

[1] Cl. BERNARD, *Leçons sur les phénomènes de la vie*, p. 113.

Nota. C'est par erreur que l'on voit dans le texte : « *Appareil glycogénique n'existant que dans l'intervalle de deux mues.* » C'est le contraire qui est vrai, comme on peut s'en assurer à la page 3, où l'auteur dit que, pendant ces intervalles (des mues), on n'y rencontre pas de matière glycogène.

[2] GEOFFROY, *Observations sur les écrevisses de rivière* (*Mém. de l'Acad. des sciences*, 1709, p. 309).

[3] RÉAUMUR, *Sur les diverses reproductions qui se font dans les Ecrevisses,* etc. (*Mém. de l'Acad. des sciences*, 1712, p. 239).

[4] BRANDT U. RATZEBURG, *Medic. Zoologie*, Bd. II, p. 67.

externe de l'estomac et sont rejetés en dehors par les fentes branchiales. Ce n'est que plus tard que l'on a appris le véritable rôle de ces masses discoïdales.

Leur évolution coïncide avec la formation des téguments nouveaux; d'après Chantran[1] elles commencent à se former environ quarante jours avant la mue, chez l'Ecrevisse âgée de quatre ans; pour les jeunes cet intervalle est beaucoup moindre.

Ces Gastrolithes chez l'Ecrevisse se trouvent entre la couche de chitine et l'épithélium chitinogène.

Il résulte des recherches de M. Max Braun[2] sur leur mode de formation que ce sont des productions cuticulaires analogues aux téguments et présentant la même structure.

Lorsque les Gastrolithes sont complètement développés, il se forme une nouvelle couche de chitine qui s'interpose entre eux et l'épithélium chitinogène. Lorsque arrive la mue, les Gastrolithes sont rejetés en même temps que l'armature gastrique, dans la cavité de l'estomac, où ils se dissolvent; ils passent ainsi dans la lymphe et de là dans les téguments chitineux pour les durcir.

L'évolution et le rôle physiologique de ces Gastrolithes les font regarder comme une *matière de réserve inorganique*, et à ce point de vue comparable avec les plaques phosphatées que l'on trouve dans les annexes du fœtus des Ruminants et dont la découverte est due à M. A. Dastre[3].

Chez le Homard on trouve aussi des productions semblables sur les parois de l'estomac entre la couche de chitine qui va être rejetée et la nouvelle paroi. Il faut remarquer que chez cet animal ces matières de réserve ne sont pas réunies en une masse discoïde comme chez l'Ecrevisse; elles se présentent sous la forme de deux masses constituées de petits bâtonnets oblongs, tronqués; quelquefois les bâtonnets sont indépendants, d'autres fois ils sont reliés entre eux par un filament excessivement ténu; après la mue on trouve dans la cavité de l'estomac un nombre considérable de ces productions séparées les unes des autres.

---

[1] Chantran, *Observations sur la formation des pierres chez l'écrevisse* (*Comptes rendus de l'Acad. des sciences*, 1874, p. 655).

[2] Max Braun, *Ueber die Histologischen Vorgänge bei der Hautung von Astacus fluviatilis* (*Arbeiten aus dem Zool.-Zoot., Institut in Würzburg*, 1875, B. II, p. 144-148).

[3] A. Dastre, *Thèse de doctorat ès-sciences naturelles*, 1876, p. 88-94 (*Ann. des Sc. naturelles*, 1876).

La résorption de ces matières a toujours lieu, à moins que l'animal ne vienne à mourir dans l'intervalle, que l'absence de résorption soit d'ailleurs la cause ou l'effet des accidents auxquels l'animal succombe. C'est ainsi que nous avons trouvé dans l'estomac d'un Homard qui est mort le sixième jour après la mue une très grande quantité de ces petits corps de nature calcaire.

En poursuivant nos recherches chez les autres Crustacés, nous avons été surpris de l'absence, pendant la mue, de ces productions calcaires.

Chez les Brachyures que nous avons examinés, soit dans la période préparatoire, soit au moment même de la mue, nous n'avons jamais rencontré sur les parois de l'estomac rien d'analogue aux Gastrolithes des Ecrevisses et aux bâtonnets calcaires des Homards. Cependant nous voyons que le durcissement des téguments se produisait rapidement après la mue, c'est-à-dire après quarante-huit à soixante heures.

Chez les *Maïa squinado* la carapace met plus longtemps pour prendre la consistance habituelle et ce n'est qu'après huit à dix jours qu'elle est complètement durcie.

Conclusion. Il résulte de ces recherches que la matière de réserve inorganisée est accumulée dans les parois latérales de la portion appelée improprement portion cardiaque de l'estomac, chez l'Ecrevisse et chez le Homard ; tandis que chez tous les Brachyures elle se trouve dans la lymphe de l'animal pendant la mue.

EXPLICATION DES PLANCHES.

Les lettres suivantes sont les mêmes pour toutes les figures :

a, première couche, la *cuticule*.
b, deuxième couche ou *couche pigmentaire*.
c, troisième couche.
d, quatrième couche.
mb, membrane basilaire.
s, soie.
cs, canal de la soie.
n, noyau.
n', nucléoles.
fm, faisceau musculaire.
fs, fibre striée.
z, conduit excréteur des glandes salivaire
E, épithélium chitinogène.
G, glandes salivaires.
K, tissu conjonctif.
gl, cellule renfermant des granulations glycogéniques.
Kl, colonnade de soutien.
P, zone pigmentaire.

PLANCHE XXIII.

Structure des téguments de l'Ecrevisse, du Tourteau, du Homard et du Portunus puber.

Fig. 1. Coupe transversale de la couche chitineuse de la pince de l'Ecrevisse à des
époques éloignées de la mue, montrant les lamelles qui constituent les
différentes couches et les canalicules poreux qui les traversent perpendiculairement.

$$\text{Gross.} = \frac{\text{ocul. 1}}{\text{objectif 7}} \text{ Vérick. Chambre claire Nachet.}$$

2. Coupe transversale du bord postérieur du céphalo-thorax du Homard à
des époques éloignées de la mue, montrant les quatre couches nettement indiquées, les canalicules poreux et une soie avec son canal.

$$\text{Gross.} = \frac{\text{ocul. 1}}{\text{objectif 2}} \text{ Vérick. Chambre claire Nachet.}$$

3. Coupe transversale de la carapace du Homard montrant les canalicules poreux. *So*, espaces sombres très réfringents correspondant aux lamelles parallèles qui constituent la carapace. *Cl*, espaces clairs, moins réfringents,

des mêmes lamelles. $\text{Gross.} = \dfrac{\text{ocul. 1}}{\text{objectif 7}}$ Vérick. Chambre claire Nachet.

4. Coupe transversale des parties latérales de l'abdomen du *Portunus
puber* quelque temps après la mue, lorsque les téguments chitineux ne
sont pas encore complètement calcifiés. En *c* et *c'* on voit le commencement de formation de la troisième couche chitineuse. *s'* représente
une soie invaginée, *v* indique les espaces de séparation des prismes chitineux de la couche pigmentaire ; *a'*, *b'*, *c'*, *E'* représentent la répétition
des couches tégumentaires à la partie inférieure.

5. Coupe transversale de la carapace du Tourteau quelque temps après la mue, qui montre le commencement de formation de la troisième couche chitineuse et les espaces *g* en forme de godet de la couche pigmentaire. *pr*, prolongements cuticulaires.

6. Coupe parallèle à la surface de la carapace du *Carcinus mœnas* à des époques éloignées de la mue, montrant les contours polygonaux des cellules qui forment la carapace ; les perforations que l'on voit dans les contours hexagonaux indiquent la section transversale des canalicules poreux.

$$\text{Gross.} = \frac{\text{ocul. 3}}{\text{objectif 7}}$$ Vérick. Chambre claire Nachet.

PLANCHE XXIV.

Structure des téguments externes et internes du Homarus vulgaris *pendant la mue.*

Fig. 7 et 8. Représentent la coupe transversale du bord postérieur des épimères qui forment les parties latérales du céphalothorax couvrant les branchies. La figure 7 représente la partie externe des téguments du Homard immédiatement après le rejet des anciennes enveloppes ; la figure 8 représente la partie interne du tégument replié (de la même préparation). Les deux figures montrent les nouvelles couches de chitine, l'épithélium chitinogène extrêmement développé pendant la mue, et le tissu conjonctif formé de fibres et de cellules. *gl*, cellules du tissu conjonctif renfermant des granulations glycogéniques.

7. $$\text{Gross.} = \frac{\text{ocul. 1}}{\text{objectif 6}}$$ Vérick. Chambre claire Nachet.

8. $$\text{Gross.} = \frac{\text{ocul. 3}}{\text{objectif 2}}$$ Vérick. Chambre claire Nachet.

9. Partie supérieure d'une coupe transversale des épimères du Homard quelque temps après la mue, montrant le commencement de formation de la troisième couche chitineuse. $$\text{Gross.} = \frac{\text{ocul. 1}}{\text{objectif 6}}$$ Vérick. Chambre claire Nachet.

10. Coupe transversale d'un lobe de la nageoire caudale du Homard immédiatement après la mue ; *a'*, *b'*, *E'*, c'est la répétition des couches de la partie supérieure, et ayant par conséquent la même signification. *Kl*, colonnade de soutien formée par le prolongement des cellules chitinogènes.

11. Section transversale de la paroi membraneuse de l'estomac du Homard au moment de la mue.

12. Coupe transversale de l'œsophage vers le milieu de sa longueur. Homard mou. $$\text{Gross.} = \frac{\text{ocul. 1}}{\text{objectif 3}}$$ Vérick. Chambre claire Nachet.

13. Coupe transversale d'une glande salivaire qui se trouve dans l'épaisseur du tissu conjonctif de l'œsophage. *N*, cellule conique de la glande. $$\text{Gross.} = \frac{\text{ocul. 1}}{\text{objectif 7}}$$ Vérick. Chambre claire Nachet.

PLANCHE XXV.

Langouste, Homard, Xantho, Galatée, Tourteau.

Fɪɢ. 14. Coupe transversale de la paroi de l'œsophage de la Langouste quelque temps après la mue, montrant les glandes salivaires *G* avec leurs conduits excréteurs *z*, qui traversent le tissu conjonctif, l'épithélium chitinogène, la couche de chitine et la cuticule, pour s'ouvrir dans la cavité digestive. Gross. $= \dfrac{\text{ocul. } 3}{\text{objectif } 2}$ Vérick. Chambre claire Nachet.

15. Section transversale de la paroi de l'œsophage du Homard mou, vers le milieu de sa longueur, montrant les conduits excréteurs des glandes salivaires réunis par groupes de quatre ou six. Gross. $= \dfrac{\text{ocul. } 1}{\text{objectif } 2}$ Vérick. Chambre claire Nachet.

16. Coupe transversale de la paroi de la portion renflée de l'intestin terminal de la Langouste quelque temps après la mue. *L*, réunion de plusieurs glandes présentant un conduit excréteur commun.

17. Coupe transversale du bord postérieur du céphalothorax du *Xantho* immédiatement après le rejet des anciens téguments. *s'*, les lignes de séparation de différents prismes chitineux de la carapace, correspondant aux intervalles intercellulaires. *gl*, cellules du tissu conjonctif renfermant des granulations glycogéniques. On voit dans cette préparation les faisceaux musculaires striés (*fm*) s'insérer directement à la membrane basilaire qui les sépare des cellules cylindriques de l'épithélium chitinogène. Gross. $= \dfrac{\text{ocul. } 1}{\text{objectif } 6}$ Vérick. Chambre claire Nachet.

18. Section parallèle à la surface des téguments chitineux du Tourteau, à des époques éloignées de la mue, montrant les contours polygonaux *N* et les coupes transversales des canalicules poreux *t*. Gross. $= \dfrac{\text{ocul. } 3}{\text{objectif } 7}$ Vérick. Chambre claire Nachet.

19. Section parallèle de la couche chitineuse de la portion renflée de l'intestin terminal du *Maïa squinado* immédiatement après la mue. *p*, prolongements cuticulaires dans le champ des contours polygonaux. Gross. $= \dfrac{\text{ocul. } 1}{\text{objectif } 7}$ Vérick. Chambre claire Nachet.

20. Carapace de la *Galatea squammifera* (Leach) immédiatement après la mue. *s'*, les lignes de séparation des prismes chitineux de la deuxième couche, correspondant aux intervalles intercellulaires de l'épithélium chitinogène. Gross. $= \dfrac{\text{ocul. } 1}{\text{objectif } 6}$ Vérick. Chambre claire Nachet.

PLANCHE XVI.

Structure des téguments externes et internes de l'Ecrevisse (Astacus fluviatilis) *dans la période préparatoire de la mue, et des téguments externes de la Galatée après la mue.*

Fɪɢ. 21. Coupe transversale du bord postérieur des épimères qui forment la partie latérale du céphalothorax couvrant les branchies et que l'on nomme aussi *branchiostégite* (Huxley) ; *b* représente la partie inférieure de la nouvelle couche chitineuse et dans laquelle on aperçoit les lignes *s'* correspondant aux intervalles cellulaires de l'épithélium chitinogène.

Gross. $= \dfrac{\text{ocul. 1}}{\text{objectif 7}}$ Vérick. Chambre claire Nachet.

22. Coupe transversale de la paroi de l'œsophage du même animal avant la mue : *a*, cuticule ; *b*, couche de chitine ancienne ; *c*, nouvelle couche chitineuse séparée de l'ancienne par une sorte de prolongements chitineux dirigés dans toutes les directions. *Sr*, stries parallèles au diamètre longitudinal des cellules chitinogènes. Gross. $= \dfrac{\text{ocul. 1}}{\text{objectif 7}}$ Vérick. Chambre claire Nachet.

23. Même coupe transversale que dans la figure 21, dans les endroits où la couche de chitine est moins développée. On voit dans cette préparation que la couche épithéliale forme de distance en distance les colonnades de soutien *Kl ;* entre les colonnades, cette couche n'est représentée que par le protoplasma granuleux renfermant des noyaux. Gross. $= \dfrac{\text{ocul. 3}}{\text{objectif 2}}$ Vérick. Chambre claire Nachet.

24. Même coupe transversale que dans la figure 23. Gross. $= \dfrac{\text{ocul. 3}}{\text{objectif 6}}$ Vérick. Chambre claire Nachet.

25. Section transversale de la portion renflée de l'intestin terminal de l'Ecrevisse ; *p*, prolongements cuticulaires réunis en groupes de deux, trois ou quatre, et chaque groupe correspondant à une cellule chitinogène. Gross. $= \dfrac{\text{ocul. 1}}{\text{objectif 7}}$ Vérick. Chambre claire Nachet.

26. Coupe transversale d'un branchiostégite représentant, à la partie inférieure, la répétition des éléments de la partie supérieure et montrant les colonnades de soutien *Kl*, qui les réunit. Gross. $= \dfrac{\text{ocul. 1}}{\text{objectif 2}}$ Vérick. Chambre claire Nachet.

27. Section transversale de la carapace molle de la Galatée. *s'*, lignes de séparation des prismes *pr*. Chaque prisme chitineux correspond à une cellule chitinogène. Gross. $= \dfrac{\text{ocul. 1}}{\text{objectif 6}}$ Vérick. Chambre claire Nachet.

PLANCHE XXVII.

Structure des téguments externes et internes du Tourteau (Platycarcinus pagurus), et du Crabe commun (Carcinus mœnas) pendant la mue.

Fig. 28. Coupe transversale de la carapace molle du *Platycarcinus pagurus. p*, prolongements cuticulaires ; *gl*, cellules arrondies renfermant des granulations glycogéniques.

29. Figure demi-schématique représentant la coupe transversale d'un repli de l'œsophage du Tourteau mou. Le tissu conjonctif *K* est traversé par de fibres striées (*fs*) qui s'insèrent à la membrane basilaire (*mb*). Au milieu du tissu conjonctif on trouve les glandes salivaires *G*, dont les conduits excréteurs (*z*) traversent l'épithélium chitinogène *E*, la couche de

chitine (*b*) et la cuticule (*a*), pour s'ouvrir dans la cavité digestive ; *fm*, faisceau musculaire longitudinal. Gross. $= \dfrac{\text{ocul. 1}}{\text{objectif 1}}$ Vérick. Chambre claire Nachet.

30. Coupe transversale comme dans la figure 29, vue à un plus fort grossissement. Gross. $= \dfrac{\text{ocul. 3}}{\text{objectif 2}}$. Vérick. Chambre claire Nachet.

31. Section transversale de la paroi membraneuse de l'estomac du *Carcinus mœnas* immédiatement après la mue. Gross. $= \dfrac{\text{ocul. 1}}{\text{objectif 7}}$ Vérick. Chambre claire Nachet.

32. Section transversale de la carapace du *Carcinus mœnas* immédiatement après la mue. Au milieu du tissu conjonctif (*K*) on voit de grandes cellules (*gl*) renfermant des granulations glycogéniques. Gross. $= \dfrac{\text{ocul. 1}}{\text{objectif 6}}$ Vérick. Chambre claire Nachet.

33. Coupe transversale des téguments de la patte du *Carcinus mœnas* immédiatement après la mue. On voit dans la couche de chitine (*b*) les prismes '*pr*) correspondant aux cellules chitinogènes desquelles ils proviennent par l'épaississement successif de la paroi supérieure. *s'*, les espaces de séparation des prismes chitineux. Gross. $= \dfrac{\text{ocul. 1}}{\text{objectif 7}}$ Vérick. Chambre claire Nachet.

PLANCHE XVIII.

Structure des téguments externes et internes du Maïa squinado, *immédiatement après la mue.*

Fig. 34 et 35. Représente la coupe transversale de la carapace molle couvrant les branchies.

34. Partie externe du tégument. Les couches de chitine ne sont pas encore formées à l'extérieur au moment de la mue. Gross. $= \dfrac{\text{ocul. 1}}{\text{objectif 6}}$ Vérick. Chambre claire Nachet.

35. La partie interne du tégument replié et couvrant les branchies. *a'*, la cuticule; *b'*, la deuxième couche de chitine; *E'*, épithélium chitinogène; *v*, section transversale d'un vaisseau qui se trouve au milieu du tissu conjonctif *K*. Gross. $= \dfrac{\text{ocul. 1}}{\text{objectif 3}}$ Vérick. Chambre claire Nachet.

36. Coupe transversale de la paroi de la portion renflée de l'intestin terminal du *Maïa squinado* immédiatement après la mue. *pr*, prismes de chitine; *s'*, les lignes de séparation des prismes chitineux correspondant aux intervalles des cellules chitinogènes; *p*, prolongements cuticulaires réunis par groupe de deux ou trois et correspondant à chaque cellule de l'épithélium chitinogène. Gross. $= \dfrac{\text{ocul. 1}}{\text{objectif 7}}$ Vérick. Chambre claire Nachet.

37. Coupe transversale de la paroi de l'œsophage du même animal, immédiatement après la mue, montrant une glande salivaire (*G*), formée par la

réunion de plusieurs glandes et présentant toutes un conduit excréteur commun (z). Gross. $= \dfrac{\text{ocul. } 3}{\text{objectif } 2}$ Vérick. Chambre claire Nachet.

38. Même coupe transversale, comme dans la figure 36, dans des endroits où les éléments sont plus développés (la préparation étant montée dans la glycérine étendue d'eau). Les lettres ont la même signification que dans la figure 36. Gross. $= \dfrac{\text{ocul. } 1}{\text{objectif } 7}$ Vérick. Chambre claire Nachet.

39. Section transversale de la paroi membraneuse de l'estomac du même animal immédiatement après la mue. Gross. $= \dfrac{\text{ocul. } 3}{\text{objectif } 2}$ Vérick. Chambre claire Nachet.

Paris. — Typographie A, Hennuyer, 7, rue Darcet.

SECONDE THÈSE

PROPOSITIONS DONNÉES PAR LA FACULTÉ

BOTANIQUE. — Organisation et structure anatomique des Equisétacés,
soit vivantes, soit fossiles ;

PALÉONTOLOGIE ZOOLOGIQUE. — Organisation, affinités naturelles et
distribution géologique des Trilobites.

Vu et approuve :

Paris, le 6 juin 1882.

LE DOYEN DE LA FACULTÉ DES SCIENCES,

MILNE-EDWARDS.

Vu et permis d'imprimer :

Paris, le 7 juin 1882.

LE VICE-RECTEUR DE L'ACADÉMIE DE PARIS,

GRÉARD.

M. N. Vitsou del.   Imp. Ch. Chardon ainé   Planche.

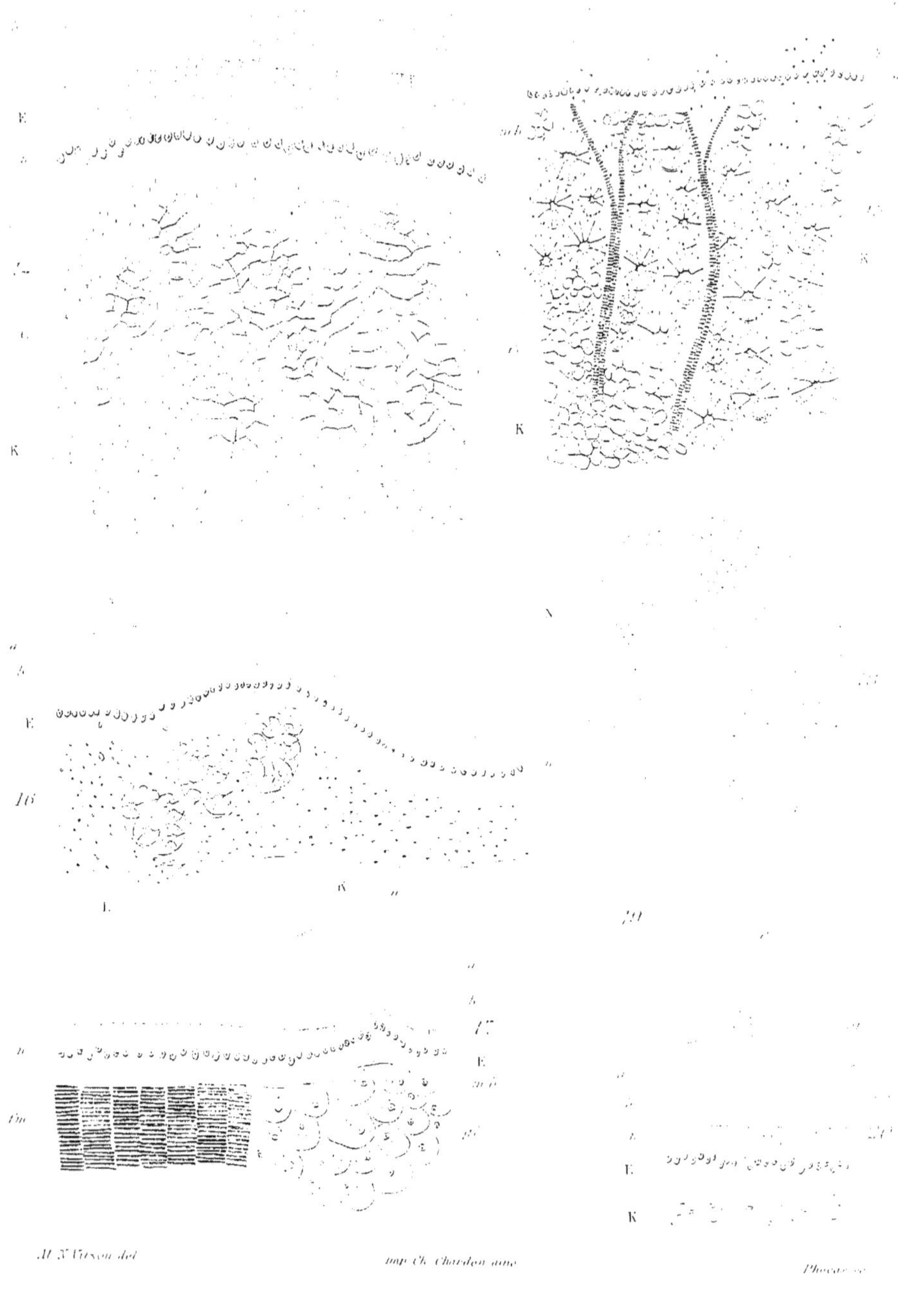
M. N. Cirson del
Imp. Ch. Chardon ainé

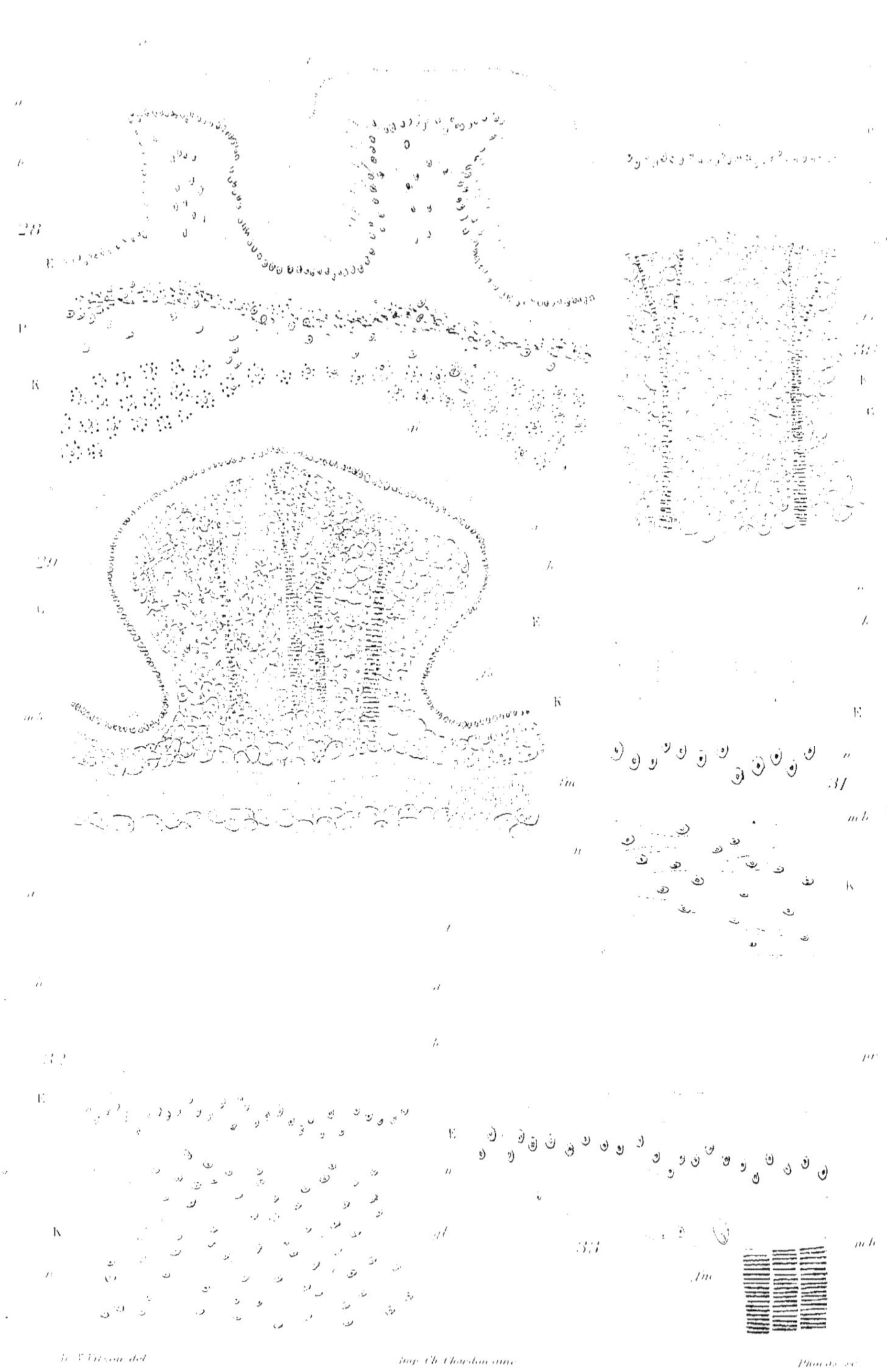

28
29
30
31
32
33

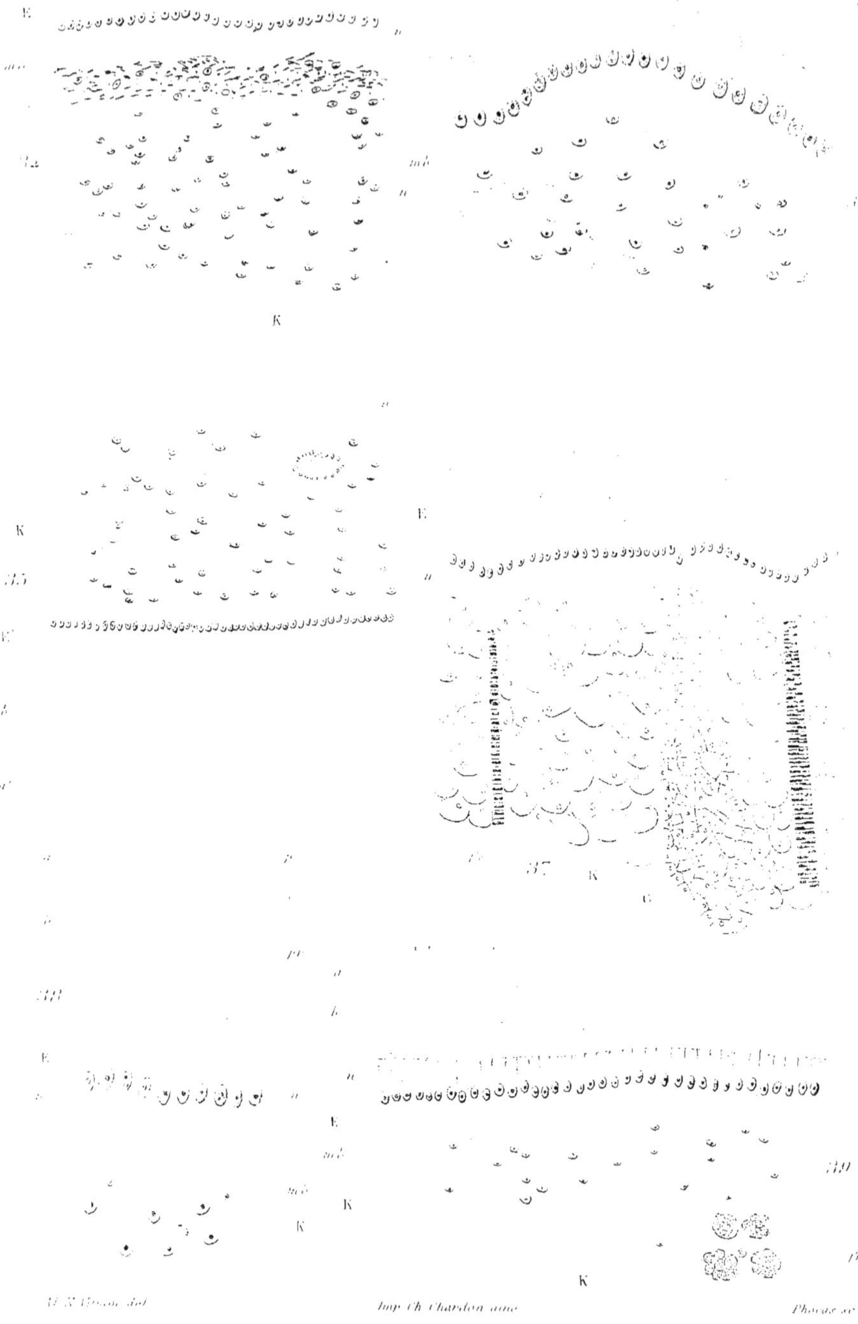
Imp Ch Chardon ainé
MAIA SQUINADO